Maria Rosa Menzio

Tigri e Teoremi

scrivere teatro e scienza

 Springer

Maria Rosa Menzio
drammaturga, Torino

ISBN 978-88-470-0641-6

Springer-Verlag fa parte di Springer Science+Business Media
springer.com
© Springer-Verlag Italia, Milano 2007

Collana a cura di: Marina Forlizzi

Redazione: Barbara Amorese
Progetto grafico e impaginazione: Valentina Greco, Milano
Progetto grafico della copertina: Simona Colombo, Milano
Disegni pp. 33, 100, 142, 188, 189: Geraldine D'Alessandris
Immagine di copertina: Ingresso del Tempio di Ugoc Son, XVIII secolo,
Hanoi, Vietnam

Springer-Verlag Italia S.r.l., via Decembrio 28, I-20137 Milano

Meraviglia delle meraviglie: teatro e scienza

di Michele Emmer

Un sipario chiuso.
Si apre, lentamente. Una luce, sullo sfondo.
Gli spettatori si abituano, a poco a poco, al passaggio dall'oscurità ad un lieve chiarore.
Sono emozionati, gli spettatori, sono ansiosi. Non sanno che cosa li aspetta.
Pensano di non essere pronti, di non essere preparati.
Capiranno?
Certo, mai il teatro è semplicità, semplicità didascalica. Ma in questo caso, se si parla di scienza, di scienza a teatro?
Ricorderanno, argomenti che avevano mal capito, magari odiato nella loro aridità?

Ha detto Luca Ronconi che quello che voleva mettere in scena era la sensazione fisica, l'esperienza, insieme allo *sconcerto* dello spettatore.
Lo spettatore sconcertato, dubbioso, colpito, frastornato. Già, perché in scena, già, perché lo sconcerto è proprio *l'argomento* che è in scena, alla ribalta:
LA SCIENZA.

E lo spettacolo di cui parlava Ronconi era ovviamente *Infinities*.
E tale era lo sconcerto degli spettatori di far parte dello spettacolo, molto più che semplicemente assistere, di entrare insomma, almeno per qualche istante, nei misteri dell'infinito, che lo sconcerto, oltre alla meraviglia, regnavano sovrani.
Nessuno applaudiva, alla fine (?). Ma finisce uno spettacolo infinito, che nessuno potrà mai vedere nella sua interezza, nessun attore, nessuno spettatore, nemmeno il regista o l'autore? Siamo noi inadeguati a comprendere, o almeno a coglierne gli aspetti paradossali, enigmatici, sconcertanti?

La scienza emoziona, sorprende, rende euforici o depressi, come qualsiasi altra *arte*.
Così come opera il teatro. E allora si potrebbe subito concluderne: la scienza e il teatro, ma certo!
Nulla di più ovvio!

Tuttavia, ci sarà un motivo per cui non così spesso si parla di scienza in scena.
Il problema del linguaggio, quello della scena, quello della scienza. Difficili e semplici entrambi, quando coinvolgono. E le metafore della scienza e del teatro, e le illusioni e i sogni, *tutto è sogno*, si fanno vorticosi, trascinanti.

Non è così semplice, scrivere di scienza per il teatro. O fare teatro parlando di scienza. Che né il teatro né la scienza sono *semplici,* come vorrebbero farci credere ai giorni nostri.
Tutto è semplice, tutto è allegria e semplicità, tutti possono comprendere tutto e parlare e scrivere di tutto.
Non è così. La difficoltà del *mestiere* di *fare teatro*, teatro sulla scienza, o scienza e teatro.

Di questo parla il libro di Maria Rosa Menzio. Certo della difficoltà ma anche della voglia, dell'eccitazione di scrivere di scienza e teatro. Di vedere in scena, di sentire le parole, cogliere i momenti, le emozioni. Teatrali e scientifiche.
Non solo perchè

anche le loro esistenze, degli scienziati, sono costellate di amori, suicidi, omicidi, duelli, follie. Ma perché quando si parla di scienza, si parla di verità.

Espressione che fa nascere quello che voleva Ronconi, lo sconcerto, dato che di teatro si tratta.
E l'autrice vuole spiegare *come si fa*, nel senso letterale del termine, fornendo esempi, chiarendo tecniche, citando diverse opere teatrali che sono andate in scena in questi ultimi anni.
Molte con argomento matematico, che, sconcertante, la scienza considerata arida, astratta, gelida, invece emoziona, sorprende, appassiona.

Sempre che non si ecceda nel rendere tutto semplice, elementare, giocoso. Un cabaret scientifico. Non tutti hanno la genialità di Raymond Queneau.

La scienza, il teatro, è fatica, sudore, e lacrime. Come la vita, peraltro.
Si tratta di professionalità, del contrario della improvvisazione. E della professionalità di coloro che scrivono per il teatro, che scrivono per la scienza, di questo parla il libro.

Scrive Popper che la base della possibilità di fare scienza è la dote naturale di provare *meraviglia*.
E non deve *meravigliare* che un ruolo importante giochi la matematica che è il regno della libertà.

> "Domandò: *E i suoi studi signorina? Matematica, mi pare. Non la affatica? Non è terribilmente difficile?*"
> "*Assolutamente no*", rispose, "*non conosco niente di più bello. È come giocare in aria, o forse al di là dell'aria, ad ogni modo in una regione priva di polvere*".
>
> Thomas Mann

E di nuovo torna l'entusiasmo, ma unito alla professionalità, alla voglia di apprendere le regole, di comprenderle, di riuscire a renderle in linguaggio teatrale e scientifico.
Non basta avere a che fare con argomenti interessanti, emozionanti se

> *non interviene un'emozione di tipo scenico, teatrale, un linguaggio più snello soprattutto.*

Molte volte nel libro la Menzio scrive che *non così si scrive per il teatro.*
Che bisogna immaginare quelle parole, quelle *verità* raccontate su una scena. Davanti a spettatori che si aspettano di essere stupiti, colpiti, trasformati. A cui può importare poco se quello di cui si parla è la *verità scientifica* oppure no, magia magari, o peggio.
La scommessa è che la scienza ha tutti gli elementi necessari per essere un *animale da teatro*.

• La possibilità di rendere spettacolare la scienza anche per i *profani*. Storie di scienza raccontate con linguaggio teatrale, vicende che ti lasciano col fiato sospeso.
Novità, pensiero e bellezza insieme.
Diceva Musil che nella matematica è *l'essenza dello spirito*.

E molto di Pirandello si parla, non poteva essere altrimenti. E de *La lezione* di Ionesco, del professore di matematica che uccide la sua studentessa incapace. Che sa solo sommare e non sottrarre e non comprende il valore della vita e del progresso così facendo.

Tanti sono gli esempi di letteratura, di teatro di cui parla il libro. E tanti sono gli argomenti scientifici. Con un intento *socratico*, pedagogico nel senso alto del termine.
Che tutti provino l'emozione di scrivere di scienza per il teatro, di scienza a teatro.

> *Come si erano incontrati?*
> *Per caso, come tutti quanti.*
> *Come si chiamavano?*
> *E che ve ne importa?*
> *Dove andavano?*
> *Ma c'è qualcuno che sa dove va?*
>
> Denis Diderot, *Jacques il fatalista e il suo padrone*

Due parole

Vorrei raccontare la mia avventura di scrittrice di *Teatro e Scienza*, sugli scienziati, a volte poco noti, e le idee che hanno cambiato il mondo. Argomento difficile, mi dice qualcuno, per specialisti.
Io credo invece che questo argomento sia presente in noi fin dalla più tenera età. Intendo dire che nell'infanzia si gioca, si rappresenta, si fa teatro, e fin da piccoli i più curiosi chiedono "perché?" domanda essenziale per chi vuole occuparsi di Scienza.
Infatti, se consideriamo certi aspetti del comportamento infantile, due in particolare, ci rendiamo conto di alcuni fatti importanti.
Qual è la prima maniera di giocare dei bambini?

Io ero il capitano, e tu eri il prigioniero da salvare

Ecco che si instaura quel gioco per ragazzi di ogni età che si chiama *teatro*.
Quali sono le prime domande che i fanciulli si pongono di fronte a un mondo che non conoscono ancora? Alla tecnologia, ai meccanismi, all'alternarsi di notte e giorno?... non sanno nulla, per loro è tutto nuovo, e per esempio, vedendo la luna che compie cicli di 28 giorni si domandano:
"Perché?"
Ed ecco il desiderio di approfondire, di fare *scienza*, nel senso, appunto, di conoscenza.
Sono queste due parole: "Perché?" e "Giocare" che stanno alla base della scienza.
Da adulti spesso questa curiosità scompare:

Dedico
questo libro
a tutti coloro
per cui non è spento
il desiderio
di conoscere e di giocare
allo stesso tempo.

Torino, marzo 2007   M.R. Menzio

Indice

La scienza, ovvero la montagna

*Come scienziati non ricerchiamo teorie altamente probabili,
bensì delle spiegazioni: cioè delle teorie potenti e improbabili*
Karl Raimund Popper, *Congetture e confutazioni*

Dove si cerca di capire che cosa s'intende per *scienza*, passando per dimostrazioni, pianeti mobili, polveri di simpatia e ricerche di prove sull'esistenza di Dio

L'antefatto

Nei bassorilievi e altorilievi etruschi, sono spesso raffigurati eventi festosi, musiche e danze. In tale contesto appare a volte la figura di un musicante che suona due flauti. Le guide del Museo di Arezzo (quello del romanzo *Chimaira* di Valerio Massimo Manfredi) parlano di una storia, molto più di una leggenda, ma certo qualcosa in meno di una realtà documentata. Eppure è così bella e struggente! Essi dicono infatti che con ognuno dei due flauti ogni artista suonasse una nota, una nota sola, e la nota del primo flauto andava diritta alla parte destra del cervello, quella del secondo dritta alla parte sinistra, per eliminare la cesura fra umanesimo e scienza... ed era "la chiave che schiudeva una porta".

Vorrei fare ora un appunto per chi stila i programmi scolastici: fra gli allievi che, alle soglie della maturità liceale, si affacciano agli studi universitari, tutti conoscono Dante e Shakespeare e Omero, pochissimi invece Lobacevskij o Riemann o Gauss. Perché? Perché a scuola si studia storia della letteratura o del teatro e non storia della scienza? Potrebbe essere interessante, una storia che iniziasse con la vita dei grandi delle scienze e con gli aneddoti sulle loro scoperte. Vita e opere degli scienziati.

Anche la loro esistenza è costellata di amori, suicidi, omicidi, duelli, follie come quella di altri uomini e donne illustri. Perché non avvicinarsi alla scienza partendo dalla vita e dalla maniera in cui "hanno fatto scienza" gli scienziati?

Cito ora un brano di Denis Guedj che mi è molto caro, e che molto ha influenzato i miei progetti e le mie ricerche su "Teatro e Scienza"

La Storia delle scienze è piena... di storie di scienza, in cui la verità non si contrappone alla fiction, ma la alimenta, il rigore non si contrappone alla narrazione, ma la sottende. Mentre le scienze forgiano tanto in profondità la società odierna, esse sono sorprendentemente assenti dagli schermi cinematografici, da scene teatrali e pagine di romanzi. [...] Fin dai tempi più antichi, tutte le società hanno avuto i loro cantastorie. Essi svolgono una funzione capitale, sociale e individuale; fanno appello all'immaginario, ma anche ai saperi. Il campo della conoscenza, soprattutto quello della conoscenza scientifica, può essere un formidabile campo drammatico. [...] La Storia delle scienze esige dal ricercatore un rigore che lo obbliga a evitare di tappare i "buchi" che i documenti e le testimonianze non hanno potuto colmare. Egli deve attenersi a ciò che essi lo autorizzano ad affermare. È a questo prezzo che il materiale consegnato offre una garanzia di autenticità; può dunque essere utilizzato da altri, dallo sceneggiatore, dal romanziere. Il romanziere può colmare i buchi, inventare vicende, e tra due fatti accertati tracciare una linea continua, che è la sua stessa creazione. Egli crea nelle "pieghe" e fa ciò che gli si chiede, ciò per cui viene voglia di leggerlo: inventa un universo. [...] Fiction reali. Fiction, perché l'immaginazione dell'autore ne determina il valore; reali, in quanto conformi alla verità scientifica e storica. La narrazione di fiction scientifica pone all'autore alcune domande specifiche. Quando si parla di scienza, si parla di verità.

Parliamone!

Domanda:

Si può trattare una verità scientifica come qualsiasi altra verità storica?

Risposta:
Ritengo di sì, in fondo ci sono molte analogie. Da un lato c'è il mondo esterno, con i tentativi di comprenderlo sotto forma di leggi scientifiche, leggi che vengono superate da esperimenti cruciali. Dall'altro lato ci sono i documenti attestanti la verità, per esempio di un fatto storico, le testimonianze a volte contraddittorie che invalidano una certa spiegazione del fatto stesso.

Domanda:

Come presentare un personaggio scientifico in un mondo aperto, dove la verità che si sta cercando non è ancora emersa del tutto?

Risposta:
In maniera molto moderna, con tutte le contraddizioni esistenti.
Nel caso di una teoria confutata, non vorrei assolutamente che il personaggio cui appartiene l'idea fondante della teoria stessa fosse visto come il "cattivo" del dramma.

Domanda:

Qual è la libertà del personaggio scientifico di fronte alla verità?

Risposta:
Il dramma *Vita di Galileo* di Brecht insegna che *a volte una nuova scienza porta a una nuova etica…*

Domanda:

Che cosa implica il fatto di mettere in scena questi "attori non umani", che sono gli oggetti scientifici?

Risposta:
Direi che implica il fatto di vestire la scena di teorie. Lo scopo è l'indagine sul mondo, ma in forma giocosa, a mo' di caccia al tesoro. Trovare nuove idee sulla realtà che ci circonda, idee appunto. Oppure farne la storia, Storia anzi, con la esse maiuscola.

• Domanda:

E l'emozione? Nella scienza, dov'è l'emozione? Come si manifesta? Che cosa la testimonia? In una parola, quali rapporti corrono fra verità e emozione?

Risposta:
Dire che Tolomeo aveva torto non è forse una questione di gusto? Questioni di preferenze, direi, rispetto una teoria piuttosto che un'altra. Una spiegazione semplice del mondo attrae più di una complessa. E quindi, in fondo, forse è una questione emotiva.

Pensiamo a un esempio semplicissimo, quasi banale. Vedo al ristorante un signore che sta a tavola, beve e usa le stoviglie tenendo alzato il mignolo della mano destra. È probabile che, se la persona in questione mi è antipatica, io ne deduca che ha un comportamento *snob*, mentre se mi è simpatica io evinca che deve avere una falange rotta. Lo stesso capita per le teorie scientifiche. Spesso scegliere fra una spiegazione e un'altra di un fenomeno è proprio questione di *pregiudizi*.

Sì, ho detto pregiudizi: proprio quello contro cui la scienza ha sempre lottato, ma che ora si riaffaccia alla ribalta della nuova filosofia della scienza parlandoci di "componenti ideologiche e opinioni più antiche, di cui si è perduta coscienza e che non sono mai state formulate in modo chiaro". Pregiudizi, in poche parole.

Ne parleremo oltre.

E poi, ai tempi di Galileo ci si poteva chiedere se la teoria copernicana fosse davvero così semplice. Era davvero più semplice di quella tolemaica? Ma la domanda che ci si è posti era tutt'altro che scientifica.

Non voglio mettermi contro la tavola pitagorica

diceva il futuro papa dei tempi di Galileo.

Ma in fondo era solo una questione di potere, di abitudine, di indottrinamento clericale, di centralità dell'essere umano nell'universo.

Non di verità... posto che sappiamo che cosa si intende con questa parola, se *fenomeno* oppure *noumeno*...

Come vedremo in seguito, nessuna teoria scientifica va mai

completamente d'accordo coi fatti. Questo è spesso tenuto nascosto dagli scienziati, ma è assolutamente vero. Ecco uno dei motivi del progresso scientifico. Fra la realtà che vogliamo svelare (cioè a cui vogliamo togliere il velo) e la nostra mente umana c'è sempre uno scarto, un passo in più di incognite o di ignoto.

Che cos'è la scienza?

La letteratura cambia più lentamente della scienza. Non ha lo stesso correttivo automatico, e così i suoi periodi di traviamento sono più lunghi.

Charles Snow, Le due culture

Siamo in un'aula scolastica, e un professore interroga un allievo.

Ora immaginiamo che domande e risposte siano fatte a teatro, ci siano cioè due personaggi... Ascoltiamo.

INSEGNANTE: Secondo lei che cos'è la scienza?
STUDENTE: Lo scienziato esplora qualcosa che c'è già. Lui non inventa, scopre.
INSEGNANTE: Per lei la verità è un assoluto?
STUDENTE: Certo. E la scienza è l'insieme di tutte quelle leggi che governano la natura. Lo scienziato pian piano "scopre" i misteri del mondo.
INSEGNANTE: Se lei apre un giornale, vi può leggere sia l'oroscopo sia le previsioni del tempo. Entrambi cercano di prevedere il futuro. Allora sono entrambi scientifici?
STUDENTE: No, perché l'oroscopo non ci azzecca quasi mai.
INSEGNANTE: Consideriamo questa procedura: si raccolgono i dati di un esperimento, si eseguono delle misure, poi su un foglio si disegna il grafico. A questo punto per lei si può già parlare di legge scientifica?
STUDENTE: Se le misure sono sufficienti, direi di sì.
INSEGNANTE: Se dico che l'acqua bolle a 100° formulo una legge?
STUDENTE: No, perché in cima a una montagna questa regola non è verificata. Diminuisce la pressione atmosferica, quindi l'acqua bolle prima.

INSEGNANTE: Che cosa s'intende dicendo che una certa legge è verificata?

STUDENTE: S'intende che ho fatto un numero abbastanza alto di verifiche e per fortuna mi è sempre andata bene.

INSEGNANTE: Se io riempio una pentola con acqua a temperatura ambiente, e scaldo il tutto, secondo lei è vero che aumentando la quantità di calore nel tempo aumenta la temperatura?

STUDENTE: Facciamo il grafico ponendo il tempo di riscaldamento sull'asse x e la temperatura sull'asse y. Se io misuro la temperatura dell'acqua col passare del tempo, e faccio moltissime misurazioni da 1° a 99°, vedo che se aumento la quantità di calore nel tempo, allora aumenta anche la temperatura, come si capisce dalla prima parte del grafico.

E allora penso di essere autorizzato a stabilire una legge lineare, del tipo y = k x.

INSEGNANTE: Ma se poi continuo a fornire calore nel tempo, vedo che il grafico non è più la prosecuzione del mio segmento iniziale: la temperatura rimane per qualche tempo fissa a 100° e il mio segmento iniziale si appiattisce parallelamente all'asse x.

STUDENTE: Quindi è cambiato qualcosa.

INSEGNANTE: Infatti. La mia "legge" non è più valida. Adesso è stata falsificata da un controesempio.

STUDENTE: Che cos'è un controesempio?

INSEGNANTE: È, appunto, un "correttivo automatico". Un esempio che agisce da avvocato del diavolo.

Ecco il grafico

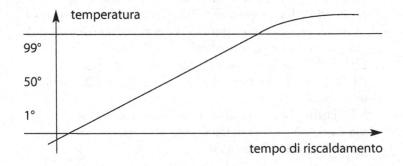

Delle eresie scientifiche

Eresia deriva dal greco *hairesis*, che significa "scelta", "propensione". Il primo grande eretico "scientifico" è stato Aristarco di Samo, del III secolo avanti Cristo. Precorrendo di quasi due millenni Copernico, fu il primo a dire che è la Terra a girare intorno al Sole. Secondo lui la Luna, la Terra e tutti quanti i pianeti ruotano attorno al Sole. È importante, però, dire che per lui i pianeti girano intorno al sole in orbite circolari.

La terra secondo lui ha anche un moto di rotazione diurno attorno al proprio asse, asse che è inclinato rispetto al piano di rivoluzione intorno al Sole, proprio come diciamo noi oggi.

E dobbiamo anche notare che a quell'epoca non era ancora nato Tolomeo, il famoso Tolomeo con la sua teoria del Sole che gira attorno alla Terra. Ebbene, Tolomeo scrisse la sua opera fondamentale, l'*Almagesto*, quasi mezzo millennio dopo l'ipotesi di Aristarco.

Gli astronomi del tempo erano quindi liberi di scegliere fra l'idea della Terra che gira attorno al Sole e l'idea del Sole che gira attorno alla Terra, cioè fra geo-centrismo e elio-centrismo.

Ma fu l'idea del Sole che gira attorno alla Terra a vincere la partita, e quest'idea fu ritenuta valida per più di 1800 anni.

Perché tanto successo?

I migliori astronomi dell'antichità ritenevano che non ci fosse un motivo valido per allontanarsi dal senso comune.

Senso comune e buon senso hanno quasi sempre la meglio, anche per una persona colta. Si fa molta fatica a scostarsi dalle abitudini.

Archimede, contemporaneo di Aristarco, rifiutava l'eliocentrismo perché Aristarco riteneva l'universo infinito: e quest'idea gli faceva paura.

La ricerca di certezze è una delle costanti della nostra vita di esseri umani. Gli scienziati sono umani, e dunque, come argomenterebbe Aristotele, anche gli scienziati hanno bisogno di certezze e aborriscono idee che facciano terra bruciata rispetto alle convinzioni correnti

Ipparco pensava che l'eliocentrismo fosse sbagliato perché non andava d'accordo con i calcoli: ma quello che contrastava con le misure era solo l'ipotesi delle orbite circolari dei pianeti attorno al sole.

È stato questo l'unico errore di Aristarco. *Se avesse pensato alle ellissi*, non avremmo avuto bisogno di Copernico, Galileo e Keplero. Ma non ci pensò. Come mai, però, Tolomeo diceva che è il Sole a girare attorno alla Terra? Secondo lui era impossibile che la Terra si muovesse. Mettiamo Tolomeo sul palcoscenico e facciamolo parlare. Non sarà un testo teatrale, ma piuttosto un dibattito, e vedremo in seguito per quale motivo non si può parlare di *pièce* teatrale.

TOLOMEO: È l'unico modo di spiegare quel che ci appare attraverso i sensi.

Infatti, se la Terra non sta ferma, ma cade per effetto della gravità come tutti gli altri corpi pesanti,

essa li lascerebbe chiaramente tutti dietro di sé, perché, essendo più grande, cadrebbe più velocemente e tutti gli animali e gli altri corpi pesanti verrebbero lasciati sospesi nell'aria, mentre la Terra stessa uscirebbe molto rapidamente fuori dalle sfere celesti. Il solo pensare cose del genere le rende ridicole.

Analoghe assurdità si è costretti ad ammettere se

si attribuisce alla Terra un moto rotatorio diurno attorno al proprio asse. Bisognerebbe, per esempio, supporre che un uccello, non appena si sollevasse dal ramo di un albero, verrebbe lasciato indietro di parecchi chilometri senza più potersi riposare sullo stesso ramo, perché l'albero deve seguire la Terra nella sua veloce rotazione.

Ugualmente, se la Terra girasse realmente intorno al proprio asse, un sasso lasciato cadere dall'alto di una torre non cadrebbe ai piedi della torre stessa ma parecchi chilometri indietro.

TOLOMEO: Ma noi invece vediamo chiaramente che tutti questi fenomeni accadono come se la loro lentezza o la loro velocità non dipendessero affatto dal movimento della Terra.

Questa teoria ha convinto gli scienziati per più di diciotto secoli.

Quasi due millenni, appunto.

Fino a colui che la rifiutò per motivi estetici: Copernico.

Copernico scrisse il *De revolutionibus orbium celestium* ed ebbe la magra soddisfazione di veder pubblicata la prima copia del suo libro nel 1543, sul suo letto di morte. Egli sosteneva i criteri di "perfezione" e "semplicità" per le teorie scientifiche, analoghi a quelli della filosofia della scienza odierna. Cerchiamo di comprenderli.

Copernico partì dalle *Tavole alfonsine*, vecchie di un paio di secoli soltanto e derivate dalla teoria tolemaica, e osservò che i loro risultati non erano assolutamente corrispondenti con i controlli sperimentali e le osservazioni. Insomma, pianeti, Sole e Luna avevano posizioni diverse da quelle predette dalle tavole. La teoria tolemaica doveva far ricorso a un sistema complicato, con decine di epicicli, deferenti, equanti. Gli epicicli sono quei piccoli cerchi percorsi dai pianeti nel loro movimento intorno alla Terra, caratterizzati dal fatto di avere il proprio centro su una circonferenza più grande detta "circonferenza deferente".

Ma se noi diciamo che è la Terra a girare intorno al Sole il numero di questi cerchi si riduce di molto. È appunto questo il *principio di semplicità*. Spiegazione semplice piuttosto che spiegazione complicata. Chi non sarebbe d'accordo a semplificarsi la vita?

D'altronde, per rispettare il *principio di perfezione*, Copernico rimase legato all'idea di moto circolare dei pianeti, e per questo motivo la sua teoria risultò, paragonata con i dati sperimentali, approssimativa come quella tolemaica. Secondo la mentalità dell'epoca la circonferenza indicava perfezione, l'ellisse invece no. Parte di questa mentalità sopravvive ancora oggi. Un solo centro invece di due fuochi pare più interessante.

Perché? Questa potrebbe essere materia di un testo teatrale singolare. Perché la simmetria dei due fuochi attrae di meno?

Comunque, dovevano passare altri sessantasei anni prima che Keplero dimostrasse che le orbite dei pianeti sono ellittiche.

E a proposito di "semplicità", vorrei ricordare un passo tratto ancora dall'opera teatrale *Vita di Galileo* di Brecht.

Il Cardinale Barberini, futuro Papa Urbano VIII, chiede a Galileo:

La scienza, ovvero la montagna

Ma se l'Onnipotente avesse voluto far muovere le stelle con un movimento così? I/I/I/I/I/I/I/

E Galileo gli risponde:

Allora ci avrebbe forniti di cervelli che pensano così I/I/I/I/I/I/I/, in modo da ritenere che le stelle, muovendosi così, I/I/I/I/I/I/I/, fanno il movimento più semplice possibile

Teorie, osservazioni e magia

L'osservazione scientifica è sempre un dato fisso, immutabile, oppure è vestita di teoria o, ciò che in fondo è lo stesso, di *pregiudizi*?

Secondo Kuhn, solo indirizzandoci verso un linguaggio basato sulle impressioni dell'occhio, sulla retina, noi possiamo sperare in un sistema neutro di informazione scientifica, per riconquistare un mondo dove l'esperienza è immutabile per tutti.

Da Cartesio in poi si è sempre pensato che prima si percepisce con i sensi, e soltanto dopo si interpreta la natura. Ma questo è sbagliato.

In realtà ciò che la percezione lascia all'interpretazione dipende dalla nostra esperienza precedente, dalla nostra formazione di individui, da come e quanto il passato ha condizionato la nostra mente umana.

Questo perché, come dice Foucault, "la natura e le parole vengono conosciute insieme".

Vedendo una casa nella nebbia, anzi cominciando a intravederne i contorni, ci rendiamo conto del fatto che è una casa perché ha porte e finestre o che ha porte e finestre perché è una casa? E poi, come faccio a spiegare che si tratta di una casa? Il significato delle parole di una frase può essere chiarito mediante proposizioni esplicative, cioè nuove parole, ma questo processo non può proseguire all'infinito, e trova sempre il suo finale nell'ostensione: il mio indice puntato verso quello che vedo.

Esattamente come facevano gli uomini delle caverne. L'ultima determinazione del significato, quindi, avviene sempre tramite l'ostensione.

Ancora, Dante Alighieri è nato nel 1265. Lo dice l'enciclopedia, infatti. Ma è così solo perché lo dice l'enciclopedia oppure lo dice l'enciclopedia proprio perché è così? A chi dicesse che Dante era nato nel 1266, daremmo il libro e diremmo: Guarda!

Capita allo stesso modo che spesso le teorie scientifiche siano come serpenti che si mangiano la coda. Pensiamo al concetto di misura, che presuppone una teoria. La descrizione delle misure di lunghezza richiede una teoria del calore, la quale presuppone delle misurazioni di lunghezza...

Oggi non esiste più distinzione fra termini osservativi e termini teorici. Il nuovo linguaggio della filosofia della scienza non separa più le due cose. Anche perché spesso è l'idea a imporsi sul mondo, e non viceversa. Già nel lontano passato, più di mezzo millennio prima di Cristo, era stata l'osservazione a portare Anassimandro fuori strada, suggerendogli che la Terra fosse cilindrica. Fu invece la teoria a fargli concludere, in maniera molto moderna e logica, che la Terra è in quiete, perché non spinta da alcun motivo a spostarsi in un senso o nell'altro.

Analogamente possiamo ricordare come Newton era uomo di pensiero più che di osservazione, in perenne controversia con l'astronomo reale Flamsteed, ossessionato dall'esperienza. In realtà pare che il vero Newton fosse più alchimista e teologo che scienziato: dal suo *Trattato sull'Apocalisse* sono nati gli obiettivi e il metodo che hanno prodotto i *Philosophiae naturalis principia mathematica*. Egli era convinto che l'unica via per raggiungere la verità fosse la padronanza del linguaggio figurato tipico delle profezie.

Keplero visse a cavallo fra il 1500 e il 1600 e in realtà anch'egli lavorò sull'universo più come un cabalista che come un fisico. La cosa non deve stupirci, a quei tempi era la prassi. Secondo lui il fatto che lo spazio avesse tre dimensioni era una conseguenza diretta della Trinità Divina. In un suo libro tratteggiò lo spartito su cui i pianeti suonano il loro concerto universale. Per lui Saturno e Giove cantano da bassi, Marte da tenore, Venere e la Terra da contralti e Mercurio da soprano.

Eppure, un personaggio così stravagante riuscì a scoprire le tre famose leggi che si studiano a scuola. Vi ricordate le tre leggi di Keplero?

I pianeti percorrono orbite ellittiche di cui il sole è uno dei fuochi. I raggi vettori dei pianeti spazzano aree uguali in tempi uguali. I quadrati dei periodi di rivoluzione sono proporzionali ai cubi dei semiassi maggiori delle loro orbite.

Come ha fatto una testa matta del genere a scoprire le tre leggi che portano il suo nome? Con un'intuizione pazzesca. Buttando fuori a caso le idee più disparate, anzi strampalate, e poi controllando.

Su quattro o cinquemila idee, tre dovevano pur essere giuste.

Keplero cioè ha lavorato mediante il *brain storming*, cioè "la tempesta di cervelli", come si chiama ai nostri giorni una riunione di pubblicitari, in cui ognuno spara un'idea e nel calderone generale di idiozie si scopre, per la legge dei grandi numeri, un'idea veramente buona.

L'appello al senso comune (perché un oggetto cade? perché non c'è niente che lo tenga su, risponde il contadino) fu la base, all'inizio, della polemica contro i seguaci di Copernico come Galileo.

Ma Galileo oltre che astronomo era fisico, e poté rispondere alle obiezioni avanzate da Tolomeo. Sentiamole, come in un testo teatrale i cui personaggi travalicano i secoli e sconfiggono spazio e tempo insieme.

TOLOMEO: Se la Terra si muovesse attorno al proprio asse, allora alberi, case, persone e intere città sarebbero tutte proiettate nello spazio dalla forza centrifuga.

GALILEO: La Terra effettivamente si muove attorno al proprio asse a gran velocità, ma tutti gli oggetti che vi si trovano sopra restano saldamente al loro posto in virtù della forza di gravità.

Notiamo che Galileo si era imbattuto nella legge di gravitazione qualche anno prima di convertirsi al sistema copernicano.

Tolomeo però non si arrende, e controbatte:

TOLOMEO: Gli oggetti lasciati cadere dall'alto verrebbero rapidamente superati e lasciati indietro da chi li ha fatti cadere.

GALILEO: Questo non succede perché, fino al momento in cui è lasciato cadere, il sasso si muove alla stessa velocità della terra, e in virtù del principio d'inerzia, conserva questa velocità anche dopo aver iniziato la caduta. "Esso dunque cade non verticalmente ma secondo una traiettoria parabolica, che risulta dalla composizione di due moti: quello di rotazione della Terra e quello che gli imprime l'accelerazione di gravità". Il risultato è che il sasso cade esattamente ai piedi della torre con una traiettoria che a noi appare perpendicolare.

La gente gli chiedeva come mai, se la Terra davvero si muove, noi non sentiamo l'impeto di un vento perpetuo.

GALILEO: Questi signori hanno scordato che noi ancora siamo, non men che la terra e l'aria, menati in volta, e che in conseguenza sempre siamo toccati dalla medesima parte d'aria, la quale però non ci ferisce.

Galileo per primo enunciò il principio di relatività. Tale principio dice che "trovandosi all'interno di un sistema non è possibile capire se esso sia fermo o in movimento". Eccone la trascrizione fedele: una prosa in italiano antico, ma affascinante.

Rinserratevi con qualche amico nella maggiore stanza che sia sotto coverta di alcun gran navilio – suggerisce Galileo – e quivi fate d'aver mosche, farfalle e simili animaletti volanti; siavi anco un gran vaso d'acqua e dentrovi dei pescetti; sospendasi anco in alto qualche secchiello, che a goccia a goccia vadia versando dell'acqua in un altro vaso di angusta bocca, che sia posto a basso; e stando ferma la nave, osservate diligentemente come quelli animaletti volanti con pari velocità vanno verso tutte le parti della stanza; i pesci si vedranno andar nuotando indifferentemente per tutti i versi; le stille cadenti entreranno tutte nel vaso sottoposto; e voi, gettando all'amico alcuna cosa, non più gagliardamente la dovrete gettare verso quella parte che verso questa, quando le lontananze siano uguali; e saltando voi, come si dice, a pie' giunti, eguali spazii passerete verso tutte le parti. Osservate che avrete diligentemente tutte queste cose, benché niun dubbio ci sia che mentre il vassello sta fermo non debbano succeder così, fate muover la nave con quanta si voglia velocità; ché (purché il moto sia uniforme e non fluttuante in qua e in là) voi non riconoscerete una minima mutazione in tutti li nominati effetti, né da alcuno di quelli potrete comprender se la nave cammina o sta ferma.

La falsificabilità

È stato Sir Karl Raimund Popper a parlare per primo di verificabilità e falsificabilità.

Tale studioso divide con un taglio netto la scienza dalla pseudoscienza. Inizia nel 1934, con la *Logica della scoperta scientifica*, a criticare il *giustificazionismo*, cioè l'idea che una teoria scientifica debba essere una cosa verificata e confermata e basta. Quante verifiche ci vogliono perché una teoria sia considerata vera? A che punto diciamo basta? Quando siamo soddisfatti?

Egli opera un taglio netto con tale visione del mondo. Secondo lui, ed è questa la grossa novità, una teoria è *scientifica* se e solo se è falsificabile, cioè se può esistere, ma non si è ancora trovata, un'osservazione pratica che la falsifichi. Una teoria scientifica, cioè, è una teoria falsificabile in linea di principio e non ancora falsificata di fatto.

Consideriamo, per esempio, la frase *tutti i corvi sono neri*. Può essere considerata alla stregua di una teoria scientifica, infatti se è verificata da ogni corvo nero che viene preso in considerazione, può essere falsificata in linea di principio dall'esistenza di un corvo giallo avvistato da un osservatore. È anche vero che la frase "tutti i corvi sono neri" vuol dire che tutti i "non-neri" sono "non-corvi", ma allora arriviamo all'assurdo che un tavolo rosso o un uccello giallo verificano la teoria dei corvi tutti neri. Questo è un discorso di logica del linguaggio, che però potrebbe fornire uno spunto per un dibattito da portare in teatro.

Facciamo un altro esempio di teoria scientifica, questa volta di una teoria falsificata. Nel suo libro *L'isola del giorno prima*, Umberto Eco parla della "polvere di simpatia", cioè di quella polvere, o unguento, che si metteva sulla lama dell'arma da taglio che aveva provocato una ferita. Per "simpatia", appunto, la ferita doveva guarire, anche se era a chilometri e chilometri di distanza dalla lama. Ma quando si è visto che molte ferite non guarivano, ecco che allora la legge che governava l'uso della polvere di simpatia è stata falsificata.

Analoga osservazione si deve fare per quello che concerne l'esistenza di Dio: dal punto di vista di Popper, non vi sono prove né per corroborarla, né per confutarla.

. . .

Ecco un esempio assolutamente "letterario" di falsificazione: un controesempio in un romanzo

Marco di Dio, personaggio di *Uno, nessuno e centomila* che sente nascere in sé la bestia. Buon ragazzo, richiesto come uno dei due modelli della scultura in gesso *Satiro e fanciullo*, non si limita a star fermo, anzi sente crescere in sé il satiro, non si oppone all'istinto e contro il fanciullo inerme diviene bestia. "Sorpreso in quell'atto di un momento, fu condannato per sempre" dice l'autore. Il controesempio di un attimo distrugge e falsifica la legge di persona assolutamente morale che fino a quel momento era stata valida.

Dice inoltre Popper "Non per nulla chiamiamo *leggi* le leggi di natura: quanto più vietano, tanto più dicono" come in un codice di diritto civile. Consideriamo, per esempio, il principio fondamentale della chimica, dovuto ad Avogadro. *Volumi uguali di gas diversi hanno lo stesso numero di molecole.* Né di più né di meno… O la prima legge di Hess: *Se in una trasformazione chimica si sviluppano N calorie, nella trasformazione inversa se ne assorbe un'uguale quantità.* Ancora, né di più né di meno… Oppure, in una legge che non è tanto di natura quanto di teoria dei numeri: l'equazione $x^n + y^n = z^n$. L'ultimo teorema di Fermat dice che quest'equazione è un mostro matematico, cioè non ha soluzioni intere se n è diverso da 1 oppure 2. Nel caso di n=2 abbiamo il teorema di Pitagora, cioè l'unica soluzione possibile (e non banale) di quella equazione.

Tornando alle ipotesi sul mondo fisico, non bisogna "immunizzare" una teoria con stratagemmi *ad hoc*, cioè fatti apposta. Per esempio, se una teoria è falsificata dall'esperienza, non bisogna dire (per proteggere la teoria dalla confutazione) che una causa ancora ignota è entrata in gioco. In realtà era proprio successo così quando l'orbita del pianeta Urano non seguiva le "leggi" della gravitazione e si diceva che doveva per forza esserci qualcosa di strano nell'orbita esterna di quel pianeta, qualcosa che mandava l'insieme fuori quadro...

In quel caso è andato tutto bene, perché la causa ignota era poi il pianeta Nettuno, ma è stata una combinazione fortunata.

Ovviamente c'è sempre bisogno di una conoscenza di sfondo, cioè di tutto quello che noi non consideriamo problematico. I fondamenti che ci danno sicurezza, quelli su cui costruire. Perché non si può far piazza pulita e ripartire da zero. Non funziona così né nella scienza, né nella vita quotidiana.

Pensiamo alla vita di ogni giorno, all'organizzazione di ciò che si vede volgendo semplicemente il capo a sinistra e a destra in una stanza. Vediamo (i nostri occhi vedono) gli spigoli del soffitto e del pavimento obliqui e storti, secondo le regole della prospettiva. Volgendo gli occhi, cambiano le misure degli angoli e le inclinazioni dei segmenti: per orientarci in questo mondo (visivo) in continuo cambiamento a ogni batter di ciglio dobbiamo avere nella nostra mente una salda organizzazione della realtà. Di più, volgendomi indietro io vedo parti diverse della stanza. Come posso essere sicura che quella porzione di stanza esistesse già due minuti fa, quando non la vedevo? Interviene una ricerca di certezze, di abitudini e soprattutto di idee che non facciano paura. Dice infatti a questo proposito il filosofo Neurath: "Siamo marinai che riparano la nave in mare aperto".

Popper chiude per sempre con l'induzione.

Immaginiamo un dialogo tra uno studente e il suo insegnante.

STUDENTE: Mi dice che cos'è 'sta benedetta induzione?
INSEGNANTE: È una regola mentale. Se una cosa è capitata molte volte in passato, io penso che deve accadere anche in futuro.
STUDENTE: Ma questo è desiderio di abitudine.
INSEGNANTE: Già. Se per dieci anni ho visto che il sole sorge al mattino e tramonta alla sera vuol solo dire che è successo per centoventi mesi.

STUDENTE: Ho capito. Non implica affatto che il sole sorgerà e tramonterà anche domani.

INSEGNANTE: Popper ritiene che siamo noi, è la nostra mente, con il suo desiderio di abitudine, a desiderare che la natura si comporti in modo regolare.

STUDENTE: Ma noi non sappiamo che cos'è la natura in sé.

INSEGNANTE: Vedo che ha capito. Sappiamo solo quello che abbiamo sperimentato, e non sappiamo se le leggi valide ieri saranno valide domani.

È vero che quando una teoria è minacciata, Popper sta dalla parte degli attaccanti. Anch'egli parla di corroborazione, cioè di verifiche sperimentali, ma ritiene tanto più corroborata una teoria quanto più è improbabile. Facciamo un'ipotesi di vita pratica.

A: Voglio un esempio di vita quotidiana.

B: Va bene, pensa a un ragazzo che guarda la TV.

A: Come fa a spiegare le immagini luminose?

B: Beh, lui vede, come dicono gli scienziati, un "visibile semplice"...

A: E come lo spiega, 'sto visibile semplice, ti ho chiesto?

B: Con le onde elettromagnetiche. Con un "invisibile complicato".

A: Dici che spiega una roba di tutti i giorni con un'idea così, campata per aria, e pure difficile per giunta?

B: Infatti.

In questo caso Popper direbbe forse che la teoria delle onde elettromagnetiche è scientifica proprio perché una persona semplice la trova estremamente stravagante.

Ancora, per un contadino che guarda il Sole nel suo circuito giornaliero, è difficile pensare che sia la Terra a girargli intorno, nonostante la teoria newtoniana lo vada dicendo dalla fine del '600. Quest'idea non è ancora entrata nella mente delle persone di scarsa cultura. L'archetipo collettivo, come abbiamo detto, è ancora quello, molto più semplice, di una visione a misura d'uomo, in cui è il Sole che gira intorno a noi.

Popper inoltre dice che non si dà conoscenza provata.

In pratica possiamo solo tirare a indovinare.

Vi sono casi di controesempi in cui sembra più razionale mantenere la teoria a dispetto dei fatti noti, nella convinzione che i fatti si aggiusteranno alla teoria. Come nel caso del pianeta Urano, che andava un po' fuori strada, e poi si è scoperto che era Nettuno che lo faceva andare per traverso.

Inoltre Popper sottolinea, nel libro *Congetture e confutazioni*, che "noi non siamo studiosi di certe materie, ma di problemi, e i problemi passano attraverso i confini di qualsiasi materia o disciplina".

Secondo lui la base della possibilità di fare scienza è la dote naturale di provare meraviglia.

La crescita della conoscenza

La storia delle idee scientifiche è una serie di passaggi a congetture sempre più insolite; e la matematica, cioè il linguaggio della scienza, è il regno della libertà.

Giulio Giorello

La crescita della conoscenza, come abbiamo visto, non avviene accumulando una dopo l'altra varie leggi scientifiche, ma avviene con il rinnovato abbattimento delle teorie "in voga" e la loro sostituzione con altre che paiono migliori. Vengono cioè rovesciate le teorie "di moda" (ricordiamo che il primitivo significato del termine "moda", in senso matematico-statistico, riguarda proprio l'*articolo più venduto*). In pratica una vecchia teoria ne contiene una nuova soltanto approssimativamente.

Una teoria scientifica, in tutti i casi in cui è una scoperta, è la spiegazione del noto mediante l'ignoto (ricordiamo l'esempio del televisore).

Secondo Kuhn la scienza è un progresso senza ritorno, ma in un senso particolare: ogni grande scoperta scientifica cambia il punto di vista, o, come si dice in linguaggio tecnico, il *paradigma*. Vale a dire quell'insieme di leggi, teorie, realizzazioni e apparecchiature su cui si fonda una coerente tradizione di studi. La scienza cosiddetta "normale" ritiene di essere nel giusto, di sapere che cos'è il mondo e da che parte guardarlo. E difende questa sicurezza a un prezzo elevato: si arrivano a nascondere alcuni mutamenti essenziali se non vanno d'accordo con il progresso già ottenuto. Purtroppo questa è la verità: gli scienziati non sono degli *stinchi di santi*, e cercano di aver ragione a ogni costo, a volte anche contro il buon senso.

Una leggenda metropolitana dice che un allievo di Pitagora (Ippaso) gli avesse fatto notare l'esistenza dei numeri irrazionali per mezzo della diagonale di un quadrato. L'evidenza della dimostrazione era così schiacciante per la sua teoria dei numeri che Pitagora si infuriò e affogò l'allievo come un gattino...

La leggenda forse non è vera, ma è un esempio assolutamente verosimile di quello che sarebbero disposti a fare alcuni scienziati (pochi, per fortuna) pur di avere ragione a ogni costo.

Però, dice Kuhn a metà del secolo scorso, tutto questo ha un limite.

Immaginiamo uno scambio di battute fra due ricercatori, il primo d'avanguardia e il secondo più conservatore:

AVANG: Non potete più nascondere fatti e osservazioni che non vi fanno comodo! La vostra teoria è superata!

CONS: Ma è la teoria che tutti accettano, è quella dei libri di scuola!

AVANG: Dobbiamo iniziare delle ricerche straordinarie. Arriveremo a un nuovo paradigma.

CONS: Ma non sappiamo neppure se i problemi fondamentali sono stati risolti o no!

AVANG: Appunto. Dobbiamo discutere sui fondamenti della scienza! Ora la ricerca ha uno scopo diverso dal solito. Basta con la ricerca "normale"!

CONS: Tu vuoi passare alla scienza "straordinaria".

AVANG: Lo sappiamo tutti: c'è un'anomalia.

CONS: Poca roba, piantala!

AVANG: Ammettilo, la natura non si è comportata secondo le "tue" regole, ha "infranto" le leggi che tu davi per scontate.

CONS: Va bene. Parliamone!

AVANG: Teoria e pratica, okay? E niente scherzi!

CONS: Se sarò costretto dall'evidenza, cambierò "punto di vista". È sufficiente, o pretendi una resa totale?

AVANG: Immagino le tue resistenze, la tua ostilità, mia cara "vecchia guardia".

Questa *vecchia guardia*, cioè il ricercatore della scienza normale, di mestiere deve decifrare i rompicapi, non cercare di falsificare i paradigmi. È pagato per accumulare conoscenza, non per fare la rivoluzione.

Facciamo un esempio: ai tempi di Roentgen dovevano ancora essere scoperti elementi nuovi che popolassero le caselle bianche della tavola periodica degli elementi di Mendeleev, datata 1875. Questo tipo di indagine era un piano di lavoro tipico della scienza normale, e l'esito positivo era solo motivo di compiacimento, non di stupore. (La tavola degli elementi è quella che individua i costituenti primi della materia, dall'idrogeno, con numero atomico 1, cioè un solo protone nel nucleo, all'elio, con numero atomico 2, cioè due protoni, ecc.)

Durante lo svolgimento di questo lavoro, all'improvviso Roentgen scoprì la trasparenza della materia ai raggi catodici, che chiamò raggi X, perché fino ad allora sconosciuti.

Fu una vera rivoluzione scientifica.

Prima e dopo la rivoluzione

Nel dramma *Vita di Galileo* di Brecht, il personaggio Sagredo afferma:

> In quarant'anni di esistenza fra gli uomini, non ho fatto che constatare come siano refrattari alla ragione. Mostragli il pennacchio fulvo di una cometa, riempili di inspiegabili paure, e li vedrai correre fuori delle loro case a tale velocità da rompersi le gambe. Ma digli una frase ragionevole, appoggiala con sette argomenti, e ti rideranno sul muso.

Altro che parlare di rivoluzioni! O di progresso!

Tale progresso sembra incontestabile e certo soltanto nelle epoche di scienza normale, quando la scienza appare cumulativa: un mattone su cui poggia un altro mattone e via dicendo. In questi periodi, però, gli scienziati non potrebbero giudicare diversamente il proprio lavoro, poiché il criterio di valutazione del progresso scientifico è, in questi periodi, il problema risolto. Ne risulta che il capovolgimento dei punti di vista avviene solo durante i periodi di *scienza straordinaria*.

Paradigmi consecutivi ci dicono cose diverse sugli oggetti che popolano l'universo e sul loro comportamento. I testi scientifici, però, sono una fonte dispotica d'informazione e mai di formazione vera, perché nascondono l'esistenza e il significato delle rivoluzioni scientifiche. Dopo ogni rivoluzione, la scienza dei libri di testo finisce per sembrare di nuovo cumulativa.

Gli autori di tali testi non hanno spirito storico, oppure agiscono in malafede, o ancora hanno paura di sbagliare. Ecco perché riscrivono la storia all'indietro, nascondendo i cambiamenti concettuali. A questo proposito Whitehead scriveva: "Una scienza che esita a dimenticare i suoi fondatori è perduta" e poi "Il panico dell'errore è la morte del progresso".

Oggi un docente di astronomia non mostra certo ai ragazzi diverse possibilità, dalla teoria copernicana alla tolemaica dicendo: "Ragazzi, alcuni pensano che la Terra giri intorno al Sole, altri considerano l'Universo una sfera cava contenente il Sole, le stelle fisse, eccetera, che ruotano intorno alla Terra".

Piuttosto insegna in modo dogmatico: la Terra gira intorno al sole, il resto sono cumuli di frottole.

Torniamo a Galileo. Egli insisteva sul fatto che non solo Tolomeo, ma anche Copernico veniva smentito dai fatti. Elogiava Copernico per non aver desistito nemmeno quando le difficoltà si facevano enormi.

Giorello sostiene oggi che la confutazione di molte teorie, ad opera degli esperimenti, non è un difetto, bensì un merito, se stimola a "far violenza al senso, cioè a tendere i concetti e a trovare significati nuovi per vecchie parole". Così a poco a poco nel corso della storia dell'astronomia la Terra venne a far parte della famiglia dei pianeti, fu sullo stesso livello, per esempio, di Marte, mentre prima la Terra e Marte appartenevano a famiglie naturali diverse. Il mutamento di idee (da Tolomeo a Copernico) si rispecchiò anche in campi a prima vista lontani: non solo la fisica di Aristotele fu sconfitta, ma anche il senso delle Sacre Scritture venne compromesso. Infatti, Giosuè che ferma il Sole è ancora oggi l'emblema dell'oscurantismo clericale.

Secondo Feyerabend la nostra scienza non è più razionale e obiettiva di quella di un mago. Secondo lui, per ottenere vero progresso scientifico bisogna usare la controinduzione, cioè bisogna elaborare ipotesi incompatibili con teorie acquisite. Come ha fatto Galileo, che ha scommesso sulla validità del telescopio (ricordiamo che il telescopio non l'aveva inventato lui, ne aveva solo diffuso la conoscenza, anche per motivi economici).

Ma l'elaborazione di idee contrarie a quelle correnti è molto difficile, in ogni tempo, perché nella scienza il successo (inteso come consensi, seguaci, sostenitori) si fonda spesso sul potere e il potere è conservatore. Chi conta, chi comanda, non vuole cambiare.

In realtà non c'è una sola legge, per quanto radicata nella scienza, che non sia stata violata in qualche circostanza.

Si tratti di un controesempio a una dimostrazione matematica, di un pianeta che sfida le leggi della meccanica celeste (quasi che in cielo ci fossero dei poliziotti a multare i pianeti che non obbediscono alla "legge"), di un deviante dalla morale corrente, la sentenza degli integralisti è sempre la stessa: il rifiuto. Ma la scienza, come pure l'etica, si sviluppano mediante l'aumento di teorie mutuamente incompatibili, e per cambiamenti drastici di significato.

La condizione di coerenza, per cui nuove ipotesi devono andare d'accordo con vecchie teorie, accetta solo le teorie anteriori, non le migliori. Le nuove teorie, è ovvio, non vanno d'accordo con le vecchie.

Consideriamo il fatto che finora la scienza è stata sempre vista come una certezza, una verità assoluta. D'altro canto, si ritiene che le cosiddette scienze umane siano, invece, soggette a errore o all'opinione.

A questo proposito, Feyerabend consiglia di leggere il libro di Nancy Cortwright, *Come mentono le leggi scientifiche*: nessuna regola inventata dalla mente umana è priva di eccezioni nel mondo della natura. Nessuna teoria è mai d'accordo con tutti i fatti del suo campo, ma non sempre la colpa è della teoria: spesso i fatti sono costituiti da convinzioni precedenti, o sono forgiati comunque dagli stili e dagli aspetti anche logico-grammaticali del linguaggio che li enuncia.

Nella natura della fisica contemporanea (specialmente per quanto riguarda la teoria della relatività e la fisica dei quanti, ma ci torneremo sopra in un altro capitolo) ciò che è difficile da capire è spesso formalizzato in qualcosa di impossibile da comprendere.

Non mi stanco di ripetere che i fatti contengono "componenti ideologiche e opinioni più antiche, di cui si è perduta coscienza" e che non sono mai state espresse in modo preciso. Tali componenti sono ambigue e pericolose proprio perché sono molto antiche, di derivazione sconosciuta, e perché la loro stessa natura di *cose date per ovvie* le ha sempre difese da un'analisi seria.

Kuhn sostiene che la tradizione pre- e quella post-rivoluzionaria sono incommensurabili. Sono linguaggi troppo diversi per poter essere tradotti l'uno nei codici dell'altro. Ascoltiamo.

A: Copernico è proprio matto.
B: Perché?
A: Perché dice che la Terra si muove.
B: Ma ha ragione, sai.
A: Che diavolo dici? Io ho ragione.
B: Figurati!
A: La parola "terra" vuol dire anche posizione stabile e ferma.
B: Ah ma allora la vostra Terra non si può proprio muovere...

Analogamente ci si può domandare se Einstein, all'inizio del secolo scorso, dimostrò che la simultaneità è relativa oppure, cosa più probabile, modificò il concetto stesso di simultaneità. Dopo di lui, i filosofi hanno definito *simultaneità* l'"esclusione di concatenazioni causali". Cioè due eventi sono simultanei se non esiste fra di loro alcun legame di causa ed effetto.

In *Scienza come arte* Feyerabend afferma che il mutamento concettuale dalla visione aristotelica del mondo a quella della fisica moderna ha reso possibile il passaggio da dipinti come il *Ritratto di Faraday* a altri, tipo la *Donna in blu*, come principio di verità. Si è passati dal ritratto figurativo, in voga fino alla fine dell'Ottocento, alla scomposizione dello spazio, tipica per esempio del cubismo.

Chi cerca di analizzare gli stili artistici in modo oggettivo, cioè attraverso il rapporto con una realtà che si ritiene sia fissata per sempre dalla scienza, non incontra un punto di appoggio, ma ancora altri stili, che non sono stili artistici, ma stili di pensiero.

Idee, quindi. Non importa la materia secondo la quale le enunciamo.

Secondo Goodman, il realismo della rappresentazione nelle arti figurative non è dato dalla somiglianza, che è riflessiva e simmetrica, mentre la rappresentazione non è simmetrica (dire che un quadro rappresenta Dante non implica, viceversa, che Dante rappresenti il quadro), non dalla quantità di informazione, ma dalla facilità con cui quest'informazione è trasmessa (anche qui interviene una nostra vecchia conoscenza, il principio di semplicità).

Nel secolo scorso Benjamin Whorf affermava che la grammatica di una lingua non esprime soltanto gli eventi, ma li genera anche. Essa racchiude una cosmologia sul mondo, modella direttamente le idee, e quindi la scienza. I fruitori di grammatiche diverse sono da esse diretti a osservazioni diverse e arrivano obbligatoriamente a diverse concezioni del mondo. Pensiamo solamente alla differenza di mentalità fra un nordico e un abitante del Mediterraneo: quest'ultimo ha una sola parola per esprimere il colore "bianco", mentre il nordico ne ha decine. Oppure pensiamo alla parola "casa" in italiano, e al corrispondente inglese "house". Ma in inglese c'è anche la parola "home" che pare non avere corrispondenti in italiano, come impatto emotivo: "home" ci fa pensare al caminetto, al gatto sulle ginocchia, a un senso di calore e protezione insieme... Ancora, pensiamo alla parola "nazareno" che significa letteralmente solo "abitante di Nazaret": che differenza rispetto alla parola "torinese" come "abitante di Torino"! "Nazareno" ci fa pensare a Gesù e a qualcosa di sacro.

Pensiamo all'importanza della semantica nella vita di tutti i giorni, cioè pensiamo a quanto ci facciamo ingannare dal linguaggio! Entrando in una profumeria e chiedendo una crema antirughe, potete sentirvi dire da una commessa ossequiente

No, ma signora, lei non ha le rughe, ha solo segni di espressione!

Oppure se tentate di inserirvi in un lavoro di vendita, chi vi prepara ha fra l'altro il compito di dirvi:

Ricordatevi, signori, questo non è un volgare lavoro di vendita, questa è condivisione!"

e devo ancora capire adesso che differenza fa.

Verità e bellezza

"E i suoi studi", domandò, "gentile signorina? Si può chiedere? Matematica, mi pare. Non la affatica? Non è terribilmente difficile?" "Assolutamente no", rispose. "Non conosco niente di più bello. È come giocare in aria, o forse al di là dell'aria, ad ogni modo in una regione priva di polvere. Vi fa fresco come sugli Adirondacks..."

Thomas Mann, *Altezza reale*

All'inizio del secolo scorso Thomas Mann mette in bocca alla sua eroina questa frase. All'inizio di questo secolo alcuni matematici torinesi hanno azzardato la frase "La matematica è una materia umanistica".

Diceva il grande poeta inglese Keats (inizio '800) in *Ode on a Grecian Urn*

Beauty is truth, and truth is beauty, this is all you know on earth, and all you need to know

insomma, la bellezza è verità, e la verità bellezza. Non ci occorre sapere altro.

Ecco ora una delle frasi più interessanti che ho sentito sul concetto di interpretazione del mondo. Secondo Toulmin

la spiegazione scientifica dev'essere artistica, elegante. Non deve soltanto soddisfare la razionalità, ma anche il nostro senso estetico. La verità, infatti, non è il solo scopo della scienza: noi vogliamo una verità che sia anche bella e interessante.

• • •

Ora consideriamo un genere letterario abbastanza simile a quello teatrale: il dibattito intellettuale.

Autore, Galileo Galilei; titolo, *Dialogo dei massimi sistemi*.

Tre personaggi discutono intorno a due *sistemi* adatti a fornire giuste teorie sull'universo: il sistema tolemaico e quello copernicano.

SAGREDO: In oltre a me pare che mentre che i corpi celesti concorrano alle generazioni ed alterazioni della Terra, sia forza che essi ancora sieno alterabili; altamente non so intendere che l'applicazione della Luna o del Sole alla Terra per far le generazioni fusse altro che mettere a canto alla sposa una statua di marmo, e da tale congiungimento stare attendendo prole.

SIMPLICIO: La corruttibilità, l'alterazione, la mutazione, ecc. non son nell'intero globo terrestre, il quale quanto alla sua integrità è non meno eterno che il Sole o la Luna, ma è generabile e corruttibile quanto alle sue parti esterne; ma è ben vero che in esse la generazione e la corruzione son perpetue, e come tali ricercano l'operazioni celesti eterne; e però è necessario che i corpi celesti sieno eterni.

Un paio di grandissimi attori potrebbe reggere un dialogo del genere, con battute lunghe, italiano aulico e stile da conferenza. Ma non è così che si scrive per il teatro. L'argomento può essere interessante al massimo, la suggestione intellettiva altissima, però se non interviene un'emozione di tipo scenico, teatrale, un linguaggio più snello soprattutto, temo che attori soltanto bravi e non fuoriclasse farebbero sbadigliare gli spettatori. Dovremo quindi attenerci a regole precise di linguaggio e tentare addirittura l'inquinamento di ciò che scriviamo con parole e sintassi prese dalla strada. Ne faremo tra poco degli esercizi, che forzeranno di certo la natura delle persone colte, ma che sono necessari allo scopo che ci prefiggiamo: diffondere la scienza con lo strumento teatrale.

• • •

Pensiamo ora a un concetto piuttosto difficile: l'*entropia*.

Per spiegarlo, cominciamo col dire che nel nostro mondo fisico niente capita due volte. In biologia e in ecologia non esistono esperimenti riproducibili. "Riproducibilità" in laboratorio e "riproducibilità" in natura sono due cose diverse. È per questo che la successione di istanti è orientata verso il futuro e noi invecchiamo.

La freccia del tempo che davvero conta nell'Universo è rappresentata dall'emissione di calore nello spazio da parte del sole e delle stelle. Questo è il processo che fissa la disarmonia passato-futuro nel mondo.

Rispetto alla fisica classica, si rompe la simmetria temporale. Il secondo principio della termodinamica afferma che i processi irreversibili portano a una sorta di mono-direzionalità del tempo, orientano il tempo verso il futuro. In greco la parola "entropia" significa evoluzione.

Solo i processi irreversibili arrivano a formare entropia.

Cos'è l'entropia?

Si definisce *entropia* la quantità k log Ω, dove k è la costante di Boltzmann, e Ω il numero di microstati esistenti nell'equilibrio termodinamico.

Ma in questa sede non vogliamo dare una spiegazione "da manuale" al termine entropia. Vogliamo solo spiegare che, in pratica, l'entropia è la tendenza dei sistemi isolati a evolvere verso l'equilibrio termodinamico. Detto in manera diversa e, se possibile, più semplice: se la natura, oggi, è vista come una minestra di verdura in cui si vedono bene i pezzetti di patate, carote, piselli, zucca ecc., ben definiti, allora l'entropia è la tendenza del nostro minestrone a cubetti a diventare un passato di verdura.

Un esempio di carattere letterario per "convalidare" la mia idea di minestrone cosmico: *Il cavaliere inesistente*, di Italo Calvino, in cui lo scudiero Gurdulù afferma "Tutto è zuppa!" e, soggiunge Calvino, gli era venuto "un dubbio: che quell'uomo che girava lì accanto avesse ragione e il mondo non fosse altro che un'immensa minestra senza forma in cui tutto si sfaceva e tingeva di sé ogni altra cosa".

• • •

Dice Prigogine che mentre la scienza classica ha posto l'accento sulla stabilità, l'ordine e l'equilibrio, oggi si vedono spesso instabilità e fluttuazioni. Così la visione della natura sta cambiando in modo incredibile. A ogni livello della natura affiorano *elementi narrativi*. E ricordiamo Shahrazad che interrompe la sua bella storia per iniziarne un'altra, ancora più avvincente.

Qui sta la possibilità di rendere "spettacolare" la scienza anche per i profani. Storie di scienza da raccontare con linguaggio teatrale, vicende che ti lasciano col fiato sospeso. Novità, pensiero e bellezza insieme.

• • •

La scienza, ovvero la montagna

Per uno spettacolo teatrale insolito, potrebbe essere un soggetto interessante pensare a quelle strane particelle elementari chiamate mesoni cappa, o kaoni.

Esse possiedono un senso intrinseco del passato-futuro. L'ipotesi che alcuni scienziati fanno è che il kaone può decollare all'improvviso per recarsi temporaneamente in un universo parallelo dove il tempo è invertito.

Per estensione, la materia contenuta nell'universo possiederebbe un piccolissimo, ma significativo, senso della direzione del tempo. Il passato e il futuro sarebbero segnati a livello fondamentale nella struttura della materia. Pare che la direzione del tempo collegata al decadimento del kaone sia direttamente associata al moto cosmologico. Quindi, se l'universo si stesse contraendo invece che espandendo, l'asimmetria temporale del decadimento del kaone dovrebbe essere in senso contrario. In effetti, un universo in contrazione fatto di materia è uguale a un universo in espansione formato di antimateria.

Un bell'esempio di "scienza sul palco" potrebbe essere quindi quello di un kaone che scopre proprietà interessanti sul concetto di tempo, sul passato e sul futuro, visitando alternativamente universi in contrazione e universi in espansione, fatti gli uni di materia e gli altri di antimateria. Oppure si potrebbe trattare di due kaoni gemelli, e infilarci dentro la Relatività con i suoi paradossi… Ci torneremo più avanti.

Il pensiero laterale

Il *Pensiero laterale* si contrappone al *Pensiero verticale*: quest'ultimo è quello che usiamo ogni qual volta, di fronte a un problema, seguiamo un ragionamento che ci porta alla soluzione per passi successivi, riducendo la complessità a ogni passo. Un tipico esempio di pensiero verticale è quello che utilizziamo per cercare il risultato di una espressione aritmetica oppure algebrica, non necessariamente complessa, ma densa di parentesi e di piccoli calcoli con frazioni e elevamenti a potenza, tutti eseguibili singolarmente senza alcuna difficoltà, ai quali sostituiamo di volta in volta il risultato parziale per giungere a quello finale.

Il pensiero verticale, quando è applicabile, porta a una soluzione certa di qualsiasi problema, a patto di non commettere alcun errore nei passaggi che si susseguono l'un l'altro.

Consideriamo ora il seguente problema, citato da Edward De Bono. Questo esempio ci fa capire che cosa significa affrontare un problema utilizzando, in alternativa al pensiero verticale, quello laterale. Immaginate di essere gli organizzatori di un torneo di tennis a eliminazione diretta, al quale si sono iscritti 111 giocatori; quante sono le partite che verranno giocate in questo torneo?

Il problema è abbastanza facile. Immaginiamo il primo turno di gioco e contiamo cinquantacinque partite, altrettanti vincitori e un giocatore al quale, per estrazione, viene consentito di passare il turno senza giocare; al secondo turno di gioco si faranno ventotto partite, quattordici al terzo e così via fino all'ultima partita che decreta il vincitore.

La somma delle partite fatte nei vari turni ci dà la risposta al problema. Abbastanza semplice, in fondo.

Ragionando in questo modo si giunge certamente alla soluzione, ma si impiega un certo lasso di tempo. Tentiamo allora un approccio differente, applicabile fin dal primo passaggio.

Anziché considerare i giocatori che tentano di vincere, consideriamo i perdenti dopo che hanno perso.

C'è un solo vincitore e ci sono 110 perdenti. Ogni perdente può perdere una sola partita, quella in cui viene eliminato. Dunque, nel torneo di cui siete gli organizzatori vengono giocate in tutto 110 partite.

Per comprendere la potenza del pensiero laterale consideriamo un altro problema e i due modi possibili per affrontarlo e risolverlo.

Due città A e B distano tra loro 100 Km e sono collegate da una ferrovia. Allo stesso istante due treni Alfa e Beta partono, l'uno diretto dalla città A verso la città B e l'altro in senso opposto. Il primo treno viaggia a 80 chilometri l'ora e l'altro viaggia a 120. Una mosca è posata su una delle due locomotive e parte insieme al treno volando a 200 chilometri l'ora nella stessa direzione; quando incontra il treno opposto inverte la rotta e vola verso il treno da cui era partita, incontrato il quale torna indietro e così via, a zig-zag, fino a quando i due treni si scontrano.

La domanda che ci poniamo è la seguente: quanti chilometri ha percorso la mosca nel suo peregrinare avanti e indietro?

L'uso del pensiero verticale porta alla soluzione, ma in questo caso in maniera piuttosto complicata. Occorre fare la sommatoria dei vari percorsi a zig-zag della mosca stessa fino a quando la distanza non si annulla. Occorre addirittura introdurre il concetto di "limite".

Il pensiero laterale, invece, consente di ottenere la risposta con una semplice considerazione: avendo calcolato che i treni si incontrano dopo mezz'ora, la mosca ha fatto 100 chilometri! Questa infatti è la distanza che può fare l'insetto in mezz'ora viaggiando a 200 chilometri l'ora.

Questa seconda maniera di "aggredire i problemi" è più semplice, forse più intrigante, spesso meno noiosa soprattutto perché non è necessario eseguire tutti i passaggi senza sbagliare.

Quando i problemi non sono di natura matematica, le differenze tra i due modi di pensare non sempre sono così evidenti; d'altra parte è sempre vero che il pensiero verticale consiste nell'impostare una "strategia" di soluzione del problema e nel seguire il ragionamento che ne consegue passo dopo passo, escludendo le strade precluse e seguendo solo quelle possibili fino alla soluzione finale, non sempre raggiungibile.

Usando il pensiero laterale, invece, non è sempre necessario avere una *strategia*, conoscere a priori il percorso o la tecnica attraverso la quale raggiungere la soluzione. Non è necessario escludere ciò che è ovvio, anzi, talvolta proprio qui sta la risposta. Nulla è, a priori, giusto o sbagliato. Talvolta è proprio utilizzando strade che ci paiono troppo ovvie che giungiamo alla "meta": dire che un solo giocatore di tennis vince e gli altri perdono è la frase ovvia che però ci porta alla risposta del problema.

Si può senza dubbio dire che il pensiero verticale è analitico. Quello laterale può definirsi forse provocatorio. Pensando lateralmente occorre "fare ricerca", anche percorrendo strade che, col pensiero verticale, sarebbero già state scartate. Il pensiero laterale è un modo di procedere attraverso la fantasia.

Al di là degli esempi citati, è interessante notare che l'applicazione pratica del pensiero laterale e, soprattutto, il suo funzionamento, non possono essere razionalizzati fino in fondo. La maniera migliore di agire di fronte a un problema è quello di utilizzarli entrambi, facendo intervenire il secondo tutte le volte in cui il primo fallisce. Il caso dei tennisti è emblematico: solo l'intervento del pensiero verticale riesce a convalidare il risultato a cui si è giunti in maniera laterale.

Per utilizzare al meglio il pensiero laterale occorre una mente aperta e senza pregiudizi. Il pensiero verticale procede per passi consecutivi, quello laterale può saltare. Procedendo verticalmente si possono forse saltare alcuni "gradini" ma è come se si percorresse sempre la stessa scala. Lateralmente ci si può muovere nello spazio e nel tempo della propria mente, fino ad individuare una strada che ci porta alla soluzione.

Ciò che muove il pensiero verticale è certamente la ragione, ciò che muove il pensiero laterale potrebbe essere, oltre alla ragione, anche l'*eleganza*. Ecco perché credo che possa essere un modo interessante per comunicare la scienza, senza farne una conoscenza elitaria. Una persona a volte dimentica una conferenza significativa, rigorosa in merito agli argomenti trattati, interessante in relazione ai contenuti; raramente si scorda uno spettacolo teatrale ben costruito, capace di "toccare" anche altre corde oltre a quella razionale. Ritengo che la diffusione della scienza si basi molto spesso su opere che agiscono in questa maniera sulla mente del lettore (e soprattutto dello spettatore).

Pitagora di Umberto Eco

Visto che tanto abbiamo parlato, anzi sparlato, di Pitagora, ecco ora un racconto scritto da Umberto Eco su di lui. Fa parte di una serie di "racconti matematici" ed è fatto quasi del tutto di dialoghi. Leggiamone un brano: portato sul palcoscenico, può essere una "scenetta" teatrale.

> ECO: Buongiorno, maestro.
> PITAGORA: Salute e armonia a te.
> ECO: Pitagora… mi dà una certa emozione pronunciare questo nome, che fu sacro a molti, poiché Lei, Maestro, fu tenuto dai suoi discepoli in conto di divinità… Ma mi chiedo se per molti altri che ci ascoltano, il suo nome non evochi soltanto memorie ingrate: la tavola pitagorica, il teorema di Pitagora…

• Questo è uno dei motivi che mi ha spinta a scrivere di Scienza, per il Teatro. Rendere in parole, idee e emozioni ciò che per secoli è stato spesso appannaggio di formule e studi spesso seguiti malvolentieri... Attraverso la forza espressiva eccezionale del teatro scopriamo un volto nuovo della Scienza, che non fa più paura: dietro le formule ci sono le donne e gli uomini che hanno fatto la storia delle scoperte scientifiche. Non più, quindi, studi aridi o ingrati...

> PITAGORA: Perché ingrate? [...] Pensa alla tavola: una matrice elementare da cui puoi generare tutti gli sposalizi possibili tra numero e numero, dati una volta per tutte, senza tema di errore... Il numero è la sostanza delle cose.
>
> ECO: Ma cosa significa questo. Che le cose sono numeri? O che le cose imitano i numeri?

Pitagora ci parla squarciando il velo del Tempo... ascoltiamolo

> PITAGORA: [la musica, l'arte, la poesia] sono numero. Che altro? Lo stesso numero che costituisce le piramidi del fuoco, lo stesso gioco di pari e dispari, finito e illimitato che regge la generazione delle grandezze matematiche.

Il teatro, ovvero la scala di Giacobbe

Perché gli uomini hanno sentito il bisogno di inventare lo spettacolo teatrale? Una collettività si raduna per appassionarsi di vicende, simulate da alcune persone, sapendo, sia chi agisce sia chi assiste, che ciò che accade è una finzione.
Gian Renzo Morteo, *Ipotesi sulla nozione di teatro*

Dove si chiarisce che cos'è quella finzione che chiamiamo Teatro, l'emozione che provoca, e si comprende come lo "stupore" e la "meraviglia" siano le caratteristiche comuni a Scienza e Teatro

.

Tragedie e commedie

Il Teatro è Parola
la Parola è Vita
la Vita è Sogno...
illusione, ombra, finzione...
finzione cioè teatro, e il cerchio si chiude.

Dirò forse cose scontate ai professionisti del teatro, come ho detto cose semplicissime sulla scienza agli specialisti dell'argomento, ma spero di poter mostrare anche l'intersezione fra i due ambiti di conoscenza.

Vedremo alla fine un motivo comune, quello che ha spinto i nuovi filosofi della scienza ad affermare che "la ragione è, e deve essere, la schiava delle passioni".

Affrontiamo, come fossimo dei soldati, l'argomento "teatro".

Ebbene, tutti hanno visto delle commedie o delle tragedie. Qual è la differenza fra le une e le altre? Molti rispondono semplicemente che la commedia è a lieto fine, mentre la tragedia di solito si conclude con un'ecatombe.

Mi piacerebbe illustrare con un modello "psicanalitico", di genere triangolare, lo schema classico dei due generi. Pensiamo a "Edipo re": c'è un padre e c'è una madre, che hanno un figlio. Viene predetto che il neonato sarà causa di tremende sciagure per sé e per la propria famiglia e che sarebbe meglio toglierlo di mezzo. I genitori dapprima indugiano, poi cedono di fronte all'incalzare della profezia e lo affidano a un'altra coppia, chiedendo loro di mantenere il segreto. Passano gli anni: a un incrocio del destino, per una specie di "diritto di precedenza" il figlio litiga con un uomo e lo uccide. Non sa, e lo scoprirà solo in seguito, che si tratta di suo padre. Passa altro tempo, e il giovane arriva in una città la cui regina è una bellissima donna. Se ne innamora e la sposa. Tempo dopo conosce la tremenda verità, l'orrore: ha ucciso suo padre e sposato sua madre. Disperato, si acceca.

La tragedia è quindi la sconfitta del padre tramite uccisione: e molto abbiamo a che fare coi miti cosmogonici (per esempio greci, si pensi a Chronos, o Saturno, signore del Tempo).

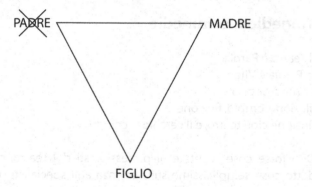

Nella commedia, invece, (pensiamo a Goldoni o a Marivaux) c'è sempre un padre, la madre questa volta non ha un ruolo fondamentale, c'è ancora un figlio, ma la donna questa volta è la fidanzata del figlio, di cui per avventura s'innamora anche il padre: e la sua sconfitta stavolta non sarà causata da un omicidio, ma dal ridicolo della situazione.

Il figlio dunque deve sconfiggere il padre per arrivare all'amore.

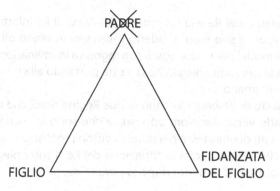

Parliamo dunque di uno degli argomenti che domina sui palcoscenici: le passioni. Perché sul palco quella cosa che fa ridere e piangere è proprio la passione. L'amore, l'odio, la vendetta, il desiderio di potere. Leggeremo alcuni brani che ho scelto da vari testi teatrali. Il tema che fa da padrone è l'amore, certo, ma è spesso un altro interesse che si traveste da amore, mette la maschera per celare qualcos'altro che erode la personalità delle donne e degli uomini.

A questo proposito ricordo una delle canzoni che spesso fungono da interludio negli spettacoli di una compagnia torinese. "Dove va il teatro"? domanda la canzone. Dove vada il teatro lo potrà dire solo la storia, ma certo non abbandonerà mai l'ansia emotiva, quel filo continuo che, dall'inizio alla fine dello spettacolo, ti fa stare col fiato sospeso.

L'amore

Il Re muore di Eugene Ionesco: questo è *l'amore con due volti*, primo esempio di un testo "bipolare". I due poli questa volta sono le due regine rivali.

Al centro della storia è Berenger, ossia il nome con cui l'autore rappresenta l'uomo medio. Questa volta è innalzato a una dignità regale, anzi è il "re del creato". Ionesco ci fa assistere alla sua lotta contro la morte. La forza drammatica del testo, come rileva Gian Renzo Morteo, è lo scambio continuo fra storia privata, cioè morte dell'uomo singolo, e storia di tutti, cioè crisi dell'umanità. Come in *La leggenda del Re Pescatore*, c'è una *corrispondenza biunivoca* fra

•   la malattia del Re e la corrosione del Paese. Il Re infatti vorrebbe vivere, ma il suo è un desiderio velleitario, in effetti gli mancano validi motivi per vivere, così il suo regno va in rovina. Ionesco enumera le calamità, spiega che cosa sta portando alla morte l'intero genere umano.

Ai lati di Berenger vi sono le due Regine rivali, che cercano di portarlo verso decisioni opposte, e che sono in realtà aspetti e momenti di una stessa persona. La vittoria toccherà a quella delle due che meglio capirà la situazione del Re, il suo ripiegarsi su sé stesso, il suo sfinimento dopo la perdita del potere.

VARI PERSONAGGI: *La mucca non ha più latte, il fuoco non funziona, i radiatori non vogliono saperne. Il cielo è coperto, il sole è in ritardo, c'è una crepa nel muro. Irreversibile.*
REGINA MARGHERITA: È tutta colpa vostra. L'avete aiutato a traviarsi. Balli, sollazzi, cortei, pranzi d'onore, fuochi d'artificio, nozze e viaggi di nozze... Quanti viaggi di nozze avete fatto?
REGINA MARIA: Per celebrare gli anniversari di matrimonio.
MARGHERITA: Lo facevate quattro volte l'anno. Quattro viaggi di nozze l'anno. Ora il palazzo rovina. Si abbandonano le terre. Le montagne si afflosciano. Il mare ha inondato il paese.
MARIA: Come siete spilorcia! Innanzitutto, non si può lottare contro i terremoti.
MARGHERITA: Mentre i suoi soldati ubriachi dormivano dopo aver banchettato, i vicini spostavano i paletti di frontiera. Il territorio nazionale si è rimpicciolito. E i soldati non vogliono più combattere.
MARIA: Sono obiettori di coscienza...
MARGHERITA: Da noi, sono obiettori di coscienza. I nostri vicini, i vincitori, li chiamano vigliacchi e disertori e li fucilano. I risultati si vedono: i giovani espatriano in massa. All'inizio del regno, c'erano nove miliardi di abitanti. Adesso non resta che un migliaio di vegliardi. Meno. Trapassano mentre sto parlando.
MARIA: Ci sono anche quarantacinque giovani.
MARGHERITA: Sì, quelli che nessuno ha voluto. D'altronde, qui invecchiano molto presto. Rimpatriati a venticinque anni, in capo a due giorni ne hanno ottanta.

Le due regine sono una fredda, logica, spietata; l'altra creativa, gioiosa, forse un po' troppo facile

[...]

MEDICO: Marte e Saturno sono entrati in collisione.

MARGHERITA: Era prevedibile.

MEDICO: I due pianeti sono esplosi.

MARGHERITA: Logico.

MEDICO: Il sole ha perso dal cinquanta al sessanta per cento della sua forza. Nevica al Polo Nord del Sole. La via Lattea si squaglia. La primavera ci ha lasciati due ore e mezzo fa: eccoci a novembre. Di là dalle frontiere, l'erba si è messa a crescere, le vacche danno alla luce due vitelli al giorno. Da noi, gli alberi muoiono. La terra si spacca.

MARGHERITA: Non continuate, basta così. È ciò che succede sempre in casi simili. Sappiamo.

RE: (entrando) Ma perché han chiuso il Politecnico? Ah sì! È caduto nel buco. Costruirne altri non val la pena, cadono nel buco, tutti. E quelle nuvole... avevo proibito le nuvole. Basta pioggia: ho detto basta. Ricomincia. Va a chiamare i ministri.

JULIETTE: Sono all'altro capo del reame, cioè a tre passi di qui, sul bordo del ruscello. Pescano, sperano di prendere qualche pesce per nutrire la popolazione.

RE: Valli a chiamare!

JULIETTE: Sono caduti nel ruscello.

MARGHERITA: Sire, dobbiamo annunciarvi che morirete.

RE: È un complotto. Arresta tutti! [...] Che cos'è questo sortilegio? Come fate a sottrarvi tutti quanti al mio potere?

• • •

La disputa di Pierre de Marivaux: *l'amore in teoria.*

Questa pièce è un esperimento *scientifico* sulle passioni, in particolare sul tradimento.

La commedia manifesta la grandezza di una profonda struttura teorica. Nella buona società sorge appunto una disputa: chi abbia commesso la prima infedeltà fra l'uomo e la donna, quale dei due sessi abbia insomma portato sulla cattiva strada l'altro, quello innocente, che forse per vendetta sarebbe stato contagiato a commettere lo stesso "peccato originale". Visto che nessuna ricerca storica può far capire qual è il sesso "colpevole", il re-filosofo padre del Principe ha architettato un "esperimento di laboratorio, qualcosa come la riproduzione in vitro delle relazioni originarie tra i due sessi", dice Guido Davico Bonino.

Dunque: due ragazze e due ragazzi sono stati allevati separatamente fin dalla più tenera età in completo isolamento dal mondo, e mantenuti per diciotto/diciannove anni nella completa inconsapevolezza della propria peculiarità come donne o uomini. Gli unici esseri umani che hanno frequentato sono due servitori di colore, "diversi", secondo la *forma mentis* di allora, dai possibili compagni dei quattro ragazzi. Il principe e la sua bella, Ermiana, stanno a guardare, appartati, come risulteranno i primi incontri dei quattro giovani, i primi approcci amorosi, aspettando al varco il primo che si macchierà di infedeltà. Si noti che ai quattro giovani è stata data un'educazione completa secondo i dettami dell'epoca (si parla di lezioni di musica, e se ne parla in linguaggio forbito).

Nella macchina teatrale di Marivaux i giovani sono il simbolo di chiunque stia per affacciarsi al mondo, con gli eterni processi di inizio e successivo deterioramento dell'amore. L'esperimento fallirà, gli "amori innocenti" non esistono, se non in un paradiso originario popolato da due creature soltanto.

Ma vediamo come si svolge la faccenda.

La prima ragazza che entra in scena è Egle, la quale passa dalla coscienza di esistere alla meraviglia fanciullesca per il mondo in cui è immersa e finalmente alla consapevolezza di sé come oggetto di brame erotiche. Dunque Egle si vede specchiata nel ruscello, incontra la propria immagine riflessa, si trova bella, e da quell'apprezzamento fisico di sé cresce e diventa capace di valutare l'altro. L'amore dunque è una proiezione sociale del primitivo "amor di sé". Ecco quindi arrivare in scena Azor, la persona-uomo, bello e attraente come lei, ma di una "perfezione diversa", che la fa sentire più completa. I due s'innamorano, si dichiarano subito l'uno all'altra, certi che la felicità di quel primo momento durerà eterna. Essi ignorano infatti quel che suggerisce la donna di colore: privatevi l'uno dell'altra di tanto in tanto, affinché il piacere del possesso rimanga tale per sempre.

Ma se si è affascinanti e certi di essere belli, si vuol essere ammirati da tutti; e agli occhi di Egle quale rilevanza ha Azor se non quello di essere giunto per primo? La supremazia che la bellezza ci regala è qualcosa di troppo importante per donarlo a un solo ammiratore. E poi, perché farlo? Ecco che scompare l'innocenza. Meglio avere tanti ammiratori che uno solo. È in arrivo l'incostanza che si insidia in ogni cuore umano che abbia come primo scopo quello di piacere, di avere potere sugli altri. L'origine di quel male nasce, secondo Marivaux, con gli esseri umani stessi, e solo in seguito può essere eventualmente sradicata.

La seconda parte del testo parla dell'incontro fra Egle e Adina, la nascita di un "nucleo sociale" originario e l'unica terapia che può condurre a una guarigione. Le due donne combattono duramente per la supremazia, ognuna credendo nel potere della propria bellezza e femminilità. Ciascuna corteggia subito lo spasimante dell'altra, e appena dopo comprende di aver perduto il primo compagno. Nel frattempo gli uomini, che all'inizio sembrano solidali, dimenticano immediatamente i buoni propositi e ognuno di loro si butta a pesce sulla nuova femmina che arriva loro davanti. L'assoluta simmetria degli atteggiamenti amorosi ha portato in poco tempo al caos, e a questo hanno cooperato in egual modo persone di entrambi i sessi.

Soltanto l'impatto di volontà contrarie forza ogni essere umano, schiacciato dai propri impulsi incontrollati, a costringersi in un ambito fermamente disciplinato dalle regole della collettività. Nasce così il concetto di "educazione", anche se il cammino che vi porta esigerà, per tutti loro, l'abbandono lacerante dell'egocentrismo.

PRINCIPE: Diciotto o diciannove anni fa, quattro neonati, due del vostro sesso, due del nostro, furono portati nella foresta, nella quale era stato costruito questo palazzo apposta per loro. Ciascun d'essi ebbe un alloggio a parte, ciascuno ancor oggi vive in un ambiente da cui non è mai uscito: di conseguenza, i quattro ospiti non si sono mai visti. Conoscono solo Merù e sua sorella Carisia, che li hanno allevati e si sono presi cura di loro. I due fratelli sono stati scelti apposta per il loro colore, in modo che i loro pupilli provassero una gran sorpresa al momento di vedere altri loro simili. [...] Noi potremo osservare i loro incontri, e sarà come l'alba del mondo. I primi amori ricominceranno e noi vedremo quel che accadrà.

• **S'incontrano per la prima volta Egle e Azor**

EGLE: Cos'è questo? Una "persona" come me? Però il suo sguardo è molto dolce... Sapete parlare?
AZOR: Il piacere nel vedervi m'ha sulle prime tolto la parola
EGLE: La "persona" mi capisce, mi risponde, e in modo così gradevole!
AZOR: Voi mi estasiate!
EGLE: Meglio così!
AZOR: Voi mi incantate!
EGLE: Anche voi mi piacete. (Azor avanza) Fermatevi un momento... sono tanto agitata.
AZOR: Obbedisco, perché sono una cosa vostra.
EGLE: La "persona" obbedisce. Ah, eccovi qua. Com'è ben fatta! Davvero, sei bella quanto me!
AZOR: Sono felice, sono sconvolto.
EGLE: Io sospiro.
[...]

**Egle e Adina invece si misurano senza riguardi, comprendono cia-
scuna di non essere l'unica donna al mondo provvista di fascino,
come desidererebbero.**

EGLE: Ma cosa vedo? Ancora un'altra "persona"?
ADINA: Ahahah! Cos'è mai questo nuovo "oggetto"?
EGLE: Mi rimira con attenzione, ma non mi ammira per nulla: non è certo un Azor.
ADINA: Non so cosa pensare di questa "figura" e non so neanche cosa le manca: ha qualcosa... di insipido. Ebbene, non avete nulla da dirmi?
EGLE: No, di solito sono gli altri a precedermi e a parlare loro a me.
ADINA: Ma non vi sentite incantata da me?
EGLE: Da voi? Sono io che incanto gli altri.
ADINA: Ma è alla più bella che spetta di essere lodata e ammirata!
EGLE: Ebbene, ammiratemi allora!
ADINA: Io so che sono così bella, così bella che m'incanto da sola ogni volta che mi guardo: ecco come stanno le cose.

EGLE: Cosa mi state a raccontare? Non c'è una volta che io mi rimiri senza esserne conquistata, io che son qui a dirvelo.
ADINA: D'accordo! Siete invidiosa di me e questo vi impedisce di trovarmi bella!

...

Figli di un Dio minore di Mark Medoff: *l'amore vero.*
Ma è proprio amore vero? E poi, ha senso parlare di "amore vero"? Chi dei due ama di più, quello che tenta di accettare l'altro o quello che cerca di cambiare se stesso? Comunque, il tema è la comprensione e l'accettazione dell'altro, con i suoi limiti e le sue contraddizioni.

Si tratta di un'affascinante storia d'amore. Lei, Sarah, è una bellissima giovane sordomuta dalla nascita. Lui, James, è un giovane docente di un istituto per sordomuti che s'invaghisce subito di lei, dalla prima volta che la vede. Il suo sentimento trova però un ostacolo nell'universo di lei, privo di suoni. Infatti Sarah si rifiuta di leggere le labbra e di articolare parole, si esprime soltanto con il linguaggio gestuale, e, soprattutto, con il suo bellissimo corpo.

Ma i colleghi di lui e i compagni di lei sono tutti invidiosi del loro amore e lo scandalo fa sì che lui porti via Sarah dall'Istituto e la sposi. Le insegna a guidare l'auto, a cucinare, a giocare a bridge, a frequentare le persone che "ci sentono". Riesce a farla diventare una normale casalinga americana, fuorché per una cosa, che lei si rifiuterà sempre di imparare: parlare. Il motivo? Semplice, Sarah teme di non avere una voce all'altezza delle proprie attrattive fisiche, del fascino, della propria intelligenza, e dato che non potrà mai ascoltarsi, si rifiuta di emettere suono.

Una storia indimenticabile che ha ispirato un bellissimo film.

SARAH: (si esprime con linguaggio gestuale) Sei solo tu quello che pensa, non io. Io non dipendo da te. Non ho niente. Non ho udito, non ho parola, non sono intelligente. Non possiedo nessun linguaggio. Ho solo te. Ma non ho bisogno di te. Voglio essere solo me stessa. Noi dobbiamo essere uniti in un rapporto ed essere distinti, ma in una sola entità.
JAMES: In principio era il silenzio. [...] Ti spaventa il fatto che, se ridi, puoi perdere qualcosa? Persona che ci sente, uno!

persona sorda, zero. [...] Vivi in un luogo dove io non posso entrare? Irraggiungibile? Sembra romantico.

SARAH: La sordità non è l'opposto dell'udito, come pensa lei. È un silenzio colmo di suoni.

JAMES: Tu hai bisogno delle mani. Io ho bisogno della bocca. [...] Cos'altro vuoi dalla vita?

SARAH: Dei bambini.

JAMES: Ah, dei bambini

SARAH: Dei bambini sordi.

JAMES: Che cosa vuoi che ti dica? Che voglio dei figli sordi? No! Non li voglio. Ma se lo fossero, sarei felice lo stesso.

[...]

JAMES: Odiarti perché non impari a parlare? No, io ti amo per la forza che hai di essere te stessa.

SARAH: Dopo che mio padre se ne andò di casa, mia madre appese al muro un quadro di Maria Vergine. Un fine settimana che ero tornata a casa le disegnai un apparecchio acustico all'orecchio.

JAMES: È vero che noi possiamo godere di cose diverse; ma, nel caso della musica, tu non hai scelta.

SARAH: Tu vuoi che io sia una persona sorda, per trasformarmi in una persona che ci sente. Quando eravamo piccoli, qui all'Istituto la domenica ci obbligavano ad andare in chiesa. Suonavano l'organo con veemenza. I bambini con gli apparecchi acustici avevano la proibizione di spegnerli. Ci dicevano che era la voce di Dio e che era giusto che facesse male. Dicevano che dovevamo amare Dio proprio perché era così rigoroso e intransigente.

Perché la sua storia d'amore non abbia incrinature, occorrerà che James sappia comprendere e rispettare il silenzio di Sarah.

JAMES: Credo che quello che ti irrita sia il fatto di essere sorda, mentre vorresti poterci sentire. Credo che tu stia mentendo. Non credo affatto che tu pensi... che la sordità sia davvero così meravigliosa. Non cambierai niente se prima non sarai tu a cambiare. Se prima non parlerai. [...] Cresci, Sarah, ma non troppo. Comprendi te stessa, ma non più di quanto io ti comprenda. Sii coraggiosa, ma non così tanto da non aver più bisogno di me. Il tuo silenzio mi fa paura. Quando m'immergo in quel silenzio, non sento niente e non sono più niente. Non potrò mai trascinarti nel mio mondo di suoni, non più di quanto tu possa schiudere la porta del tuo magnifico castello di silenzio. Ora posso dirtelo.

Amore e morte

La dama dell'alba di Alejandro Casona: *l'amore come redenzione.*
Il vero argomento del dramma è la possibilità di un riscatto dagli errori commessi, anche se con la morte.

Il maestro elementare Alejandro Rodriguez Alvarez scelse come pseudonimo il soprannome con cui lo chiamavano gli amici nel villaggio natale Besullo, perché abitava nella "casona" del paese. Nato come nome di derisione, Casona diventò poi il nome del successo. Però anche dopo aver ottenuto la fama a livello mondiale l'autore non abbandonò mai l'ambiente contadino, il paesaggio delle sue Asturias, i personaggi del mondo agreste.

Nella *Sirena arenata* è il protagonista Ricardo a imporre il gioco: Nadie entre que sepa geometrìa. Nella *Dama dell'alba* sarà la morte a esigere la soluzione drammatica di una complessa geometria.

La Dama dell'alba è anche un mito, una leggenda, una fiaba.
È un potente viaggio iniziatico, rituale e poetico.
Vi sono due fanciulle in questo dramma: Angelica e Adele.
Angelica era la bella del paese. Adorata dal fidanzato, coccolata dalla madre, idolatrata da fratellini e paesani. Ma tutto questo non le bastava: lei voleva di più, molto di più. Voleva il lusso, il potere, vestiti e gioielli, carrozze e una casa di prestigio.

Così, attirata dai soldi e dal fascino del male, è fuggita anni prima abbandonando il fidanzato, la madre e i fratellini, per andare a "peccare" (ricordo che siamo nella Spagna della prima metà del secolo) sull'altra sponda. Tutti hanno pianto pensandola annegata. E il fidanzato ancora la pensa, e al momento madre e fratellini la rimpiangono.

Finché un giorno dallo stesso fiume viene ripescata un'altra ragazza, Adele, salvata dal suicidio. Suicidio per acqua: la ragazza ha tentato di annegarsi spinta dalla disperazione di una vita fatta solo di giorni bui, fin dalla nascita. Anche l'ex fidanzato di Angelica sta dimenticando quella che fu per lui l'amata di un tempo, ma non osa confessarlo neppure a se stesso per senso dell'onore, per la paura di scordare tutto. E la paura fa sì che lui non si accorga di quanto ora lo ami Adele.

La situazione sarebbe di stallo, quando arriva la sera della festa del paese, la sera di San Giovanni. E mentre tutti sono radunati in piazza, proprio Angelica torna di nascosto, abbrutita, sconvolta, pentita di aver agito nel peccato, contro il suo proprio bene. Ha deciso di riprendere il posto che era suo, ma nel ritorno a quella che era stata la sua casa incontra proprio la Pellegrina, cioè la Dama dell'Alba. Incontra la Morte.

E questa le consiglia di fare ciò che non è riuscito ad Adele: cioè purificarsi per sempre nell'acqua. Trovare nel fiume il riposo supremo. Nessuno saprà del suo ritorno: e sarà, per chi resta, la leggenda della ragazza caduta nel fiume che è così pura che né il fiume né il tempo l'hanno toccata. La fanciulla ubbidisce e rinasce così nel mito. Adele, invece, riconsegnata alla vita, potrà finalmente vivere con l'uomo che ama.

Angelica deve partire per sempre, ossia morire, per restare. Rimanere come risuscitata nel ricordo, non solo dei suoi, ma di tutto un popolo, come leggenda. La partenza è insieme volontaria e obbligata. La Morte, cioè la Dama dell'alba, è una pellegrina, anzi la Pellegrina. È bella, innamorata e soprattutto apportatrice di pace.

PELLEGRINA: Se vi lamentate della vita, perché avete tanta paura di abbandonarla?
NONNO: Non per quel che lasciamo qui. È perché non sappiamo quel che c'è dall'altra parte.
PELLEGRINA: Partire, arrivare, è lo stesso. I bambini piangono quando nascono. [...] Ho nome di donna. Se qualche volta faccio loro del male, non è perché gliene voglia fare. È un amore che non ha imparato ad esprimersi... Che mai, forse, imparerà! [...] Nonno, senti! Conosci Nalòn il Vecchio?
NONNO: Il cantastorie cieco?
PELLEGRINA: Quand'era bambino aveva lo sguardo più bello che mai avessi visto; una tentazione azzurra che mi attirava di lontano. Un giorno non resistetti, e lo baciai sugli occhi.

NONNO: E adesso suona la chitarra e chiede l'elemosina durante i pellegrinaggi, con il bambino che lo accompagna e il piattello di stagno.

PELLEGRINA: E io continuo ad amarlo come allora! E un giorno lo compenserò con due stelle per tutto il male che gli ha fatto il mio amore.

[...]

PELLEGRINA: Ogni ora ha la sua verità. Ricordate Angelica. Un giorno la fanciulla scomparve nella gora. Era andata a vivere nelle dimore profonde dove i pesci battono alle finestre come passeri infreddoliti. E fu inutile che tutto il paese, da terra, la chiamasse ad alte grida. Era come addormentata, in un sonno di nebbia, e passeggiando fluttuavano i suoi capelli nei giardini di muschio che le sue mani senza peso carezzavano con lenta tenerezza. Così passarono giorni e anni, e tutti cominciarono a dimenticarla. Ma la madre, impietrita, l'aspettava sempre... Infine avvenne il miracolo. Una notte di fuochi e canzoni, la bella addormentata nel fiume fu ritrovata, più bella che mai. Rispettata dall'acqua e dai pesci, aveva i capelli lucenti, le mani ancora tiepide, e sulle labbra un sorriso di pace... come se gli anni in fondo al fiume fossero stati un solo istante.

Festa di San Giovanni, a pochi giorni dal solstizio d'estate, scelta apposta per parlare di *risurrezione*

ADELE: Ieri tutto mi sembrava facile. Oggi non c'è che un muro di ombre che mi stringe.

PELLEGRINA: Ieri non sapevi ancora che eri innamorata.

ADELE: Questo è l'amore?

PELLEGRINA: No, è la paura di perderlo. L'amore è quel che sentivi fino a poco fa senza saperlo. Sagace mistero che vi riempie le vene di spilli e la gola di passeri.

[...]

PELLEGRINA: Sull'altra sponda della paura, c'è il paese dell'ultimo perdono, nel freddo bianco e tranquillo.

ANGELICA: Dove posso andare, allora?

PELLEGRINA: A salvare coraggiosamente l'ultima cosa che ti resta: il ricordo.

ANGELICA: A quale scopo, se è un'immagine falsa?

PELLEGRINA: Che importa, se è bella? *La bellezza è l'altra forma della verità.*

...

Caligola di Albert Camus: *l'amore che uccide.*
Il binomio leopardiano "amore e morte" trova qui la sua più alta espressione poetica.
L'imperatore romano Caligola è diventato pazzo. Amante riamato della sorella Drusilla (oggi qualcuno inorridirebbe, ma a quei tempi la cosa era normale, per i Faraoni d'Egitto era addirittura la regola) perde la ragione quando questa muore. E vuole che tutto l'Universo muoia con lei. Applica un cruento teorema di logica imperiale:

Se il Tesoro è fondamentale, allora la vita umana non lo è.

CALIGOLA: Ho corso tanto, lo sai. Ritorno da molto lontano. La portavo sulle spalle. Quand'era viva, lontana da quel suo cadavere dall'espressione così assurda. Era pesante. Tiepida e pesante. Era il suo corpo, la sua verità morbida e calda. Mi apparteneva ancora, e su questa terra lei sola mi amava. [...] Bisogna che la porti via, lontano da qui, nella campagna che amava – dove camminava con tale armonia che l'ondeggiare delle spalle si confondeva per me con il profilo delle colline all'orizzonte.
[...] Se il Tesoro è fondamentale, la vita umana non lo è. Ho deciso di essere logico. Vedrete quanto vi costerà la logica. Il potere ce l'ho io. Eliminerò chi mi contraddice, e anche le contraddizioni. Non si possono mettere il Tesoro e la vita sullo stesso piano. Incrementare l'uno è svalutare l'altra.
Cherea. [...] Arricchirò le tue nozioni insegnandoti che esiste una sola libertà, quella del condannato a morte. Fate conto che da questo momento sia sospesa sul vostro capo una condanna a morte, come per i più cari e più liberi dei miei figli.
[...] Ora non mi rimane altro che questo futile potere di cui tu parli. Più è smisurato più è ridicolo. Perché non vale niente al confronto degli sguardi che Drusilla mi rivolgeva certe sere. Non era lei, era il mondo che rideva attraverso i suoi denti.

[...] Non lasciarmi, Drusilla. Ho paura dell'immensa solitudine dei mostri. Non andartene. Ah questa tenerezza e questo andare oltre!
[...] State diventando intelligenti. Avete finalmente capito che non è necessario aver fatto qualcosa per morire. [...] Dico che domani ci sarà carestia. Cos'è la carestia lo sanno tutti. È un flagello. Domani dunque ci sarà flagello... E io fermerò il flagello quando mi parrà. [...] In fin dei conti non ho poi tante occasioni per mostrare che sono libero. Si è sempre liberi a spese di qualcuno. [...] La conosci tu la solitudine? Ma non lo sai che non si è mai soli? Dovunque, ci portiamo addosso tutto il peso del nostro passato, e anche quello del nostro futuro. Tutti quelli che abbiamo ucciso sono sempre con noi. E fossero solo loro, poco male. Ma ci sono anche quelli che abbiamo amato, quelli che non abbiamo amato e ci hanno amato, il rimpianto, il desiderio, il disincanto e la dolcezza, le puttane e la banda degli dei! [...]
Per un uomo che ama il potere, la concorrenza degli dei è seccante. Io l'ho eliminata. Ho dimostrato a questi dei effimeri che un uomo, se ci si mette, può esercitare senza nessuna pratica il loro ridicolo mestiere.[...] C'è un solo modo per uguagliare gli dei: basta essere crudeli quanto loro. Nelle mie notti senza sonno ho incontrato il destino. Non puoi immaginare che aria idiota che ha. E monotona: non ha che una sola espressione. Implacabile.
[...] Voglio la luna. È una cosa che non ho. Tieni presente che l'ho già avuta. Completamente. Soltanto due tre volte, è vero. Ma insomma sì, l'ho avuta. [...] C'è sempre meno gente intorno a me, è strano. Troppi morti, troppi morti.
CHEREA: Credo che certe azioni siano migliori di altre.
CALIGOLA: Io credo che siano tutte uguali.
CESONIA: Troppa anima!
CALIGOLA: È buffo. Quando non uccido nessuno mi sento solo. I vivi non bastano a riempire l'universo e a vincere la noia. Io non sto bene che in mezzo ai miei morti. [...] Amare qualcuno vuol dire accettare d'invecchiare con lui. Io non sono capace di un tale amore. Drusilla vecchia sarebbe peggio di Drusilla morta. Crediamo di conoscere il dolore quando perdiamo chi amiamo. Ma c'è una sofferenza molto più terribile:

quando ci accorgiamo che anche i dolori non durano a lungo.[...] La felicità, questa liberazione insopportabile, questo disprezzo universale, il sangue, l'odio che mi circonda, questo isolamento ineguagliabile che mi permette di controllare con uno sguardo tutta la mia vita, la gioia infinita del delitto impunito, questa logica implacabile che cancella vite umane, [...] per rendere infine perfetta l'eterna solitudine che ho scelto. Lui non è venuto. Non avrò la luna. Comincio ad avere paura. [...] (Si guarda allo specchio) Nemmeno la paura dura tanto. Sto per ritrovare quel grande vuoto in cui l'anima si placa. Tu sei imperatore, il che è molto. Ma io non sono niente, il che è poco. Dicono che ho il cuore duro, ma non è possibile che sia duro, perché al posto del cuore io non ho niente, nient'altro che un grande buco vuoto in cui si agitano le ombre delle mie passioni. [...] La tenerezza! Ma dove trovarne tanta da soddisfare la mia sete? Eppure sono certo... che mi basterebbe l'impossibile. L'impossibile! L'ho cercato ai confini del mondo e di me stesso. Ho teso le mani.
(Urla) Alla storia, Caligola, alla storia!
(Lo pugnalano) Sono ancora vivo!

La vendetta

La visita della vecchia signora di Friedrich Durrenmatt: *l'amore che si muta in vendetta.*

La passione predominante di questo testo è proprio la sete di vendetta, un terribile smisurato desiderio di rivincita covato per mezzo secolo.

Il paesino di Gullen è ormai in rovina. La gente vegeta, condannata a una povertà nemmeno più dignitosa.

Finché un giorno torna al paese nativo Klari, che più di cinquant'anni prima era stata una ragazzina dei campi, semplice e istintiva, e che era stata cacciata dal villaggio. Era in attesa di un figlio, e quando l'aveva detto ad Alfred III, il padre del nascituro, si era sentita rispondere che lui non c'entrava. Rivoltasi alla legge, un branco di falsi testimoni aveva portato alla sua vergognosa cacciata dal paese: Alfred III di lei non voleva più saperne perché doveva sposare un'agiata mercantessa.

Dopo un oscuro apprendistato come prostituta, Klari è tornata a galla, e ora possiede una fortuna immensa. Ma il prezzo che ha dovuto pagare è stato enorme: il bambino avuto da Alfred III è morto, e il suo cuore innamorato è stato messo a tacere sotto cumuli di cinismo.

Klari è diventata un'altra: ora si chiama Claire Zachnassian, e ha collezionato sette mariti, uno più ricco dell'altro. La giovane sedotta e abbandonata dal primo amore – che ora è un poveraccio, un negoziante senza soldi in tasca – è diventata una supermiliardaria.

Claire anziana sembra una maschera, un idolo di pietra, la "mummificata apoteosi – ha scritto Mittner – della propria ricchezza". È brutta e grassa e ha una protesi alla gamba sinistra. È di una specie minacciosa e speciale: ha covato veleno per cinquant'anni, e ora lo getta in faccia al paese, infettando tutti.

È un individuo artificioso, così come risulta artificioso il suo seguito: una coppia di eunuchi ciechi, un decrepito maggiordomo, un marito con l'agilità di un giocoliere, una temibile pantera, bauli in eccesso, e infine il tocco macabro e grottesco insieme: una bara.

Ora Claire torna con tutti i soldi che ha accumulato in tanti anni e vuole finalmente che i conti tornino.

L'autore dice che "grazie al denaro può agire come un'eroina della tragedia greca, assoluta, crudele. Medea mettiamo. Se lo può permettere". Con i soldi si può avere tutto, anche il potere di vita e di morte. Claire, memore del passato, ne è assolutamente sicura. Ed ecco il baratto che lei propone: *il paesino di Gullen provvederà a uccidere Alfred III, e lei al paesino donerà un miliardo.*

Alfred III dev'essere sacrificato. Lei l'aveva amato e lui l'aveva calunniata per poter sposare una donna ricca. Aveva comprato i testimoni pur di togliersela di torno. Claire ora vuole comprarsi la giustizia.

Vestita tutta di nero, Claire non è disposta a fare sconti. Vuole la condanna, la morte, è una giustiziera. Sembra una "Parca, una dea greca del destino". In Claire tutto è stato fermato in un tempo lontano. Lei ancora ricorda il passato, ma senza emozioni, con assoluta determinazione.

La vita è andata oltre, ma io non ho dimenticato niente, III. Né il bosco, né il fienile di Peter, né la camera da letto della vedova Boll, né il tuo tradimento. Ora siamo vecchi ambedue, tu ormai miserabile e io dilaniata dai coltelli dei chirurghi, e ora voglio la resa dei conti: tu hai scelto la tua vita e costretto me alla mia. Tu volevi che il fluire del tempo venisse sospeso, ora, nel bosco della nostra gioventù, pieno di passato. Ora io l'ho sospeso, e ora voglio giustizia, giustizia per un miliardo.

Il preside spiega:

La tentazione è troppo grande, la povertà troppo dura.

Può darsi che gli abitanti di Gullen non siano dei malvagi, presi uno per uno, singolarmente.
Ma nel paese la miseria la fa da padrona.
E un miliardo è un pretesto straordinario.
Il preside confessa a Alfred III:

Lei verrà ucciso. Io lo so fin da principio e anche lei lo sa da un pezzo. [...] Ma io lo so ancor di più. Anch'io farò come gli altri. Io sento di diventare lentamente un assassino. E una volta che me ne sono reso conto, sono diventato un ubriacone. Ho paura, III, come ha avuto paura lei. E so che un giorno verrà anche da noi una vecchia signora e che allora accadrà a noi quel che ora accade a lei.

Tutti hanno fatto debiti, certi di un finale scontato: debiti per mangiare e bere, per vestirsi, e tutti portano, osserva Alfred III sconsolato, scarpe nuove, scarpe gialle nuove.
Claire diffonde veleno attorno a sé, e seduce le coscienze.

"Siccome il mondo ha fatto di me una puttana – dichiara – adesso io ne faccio un casino"

Ma Alfred III, il vecchio becero seduttore, III il cui destino è segnato, proprio lui diventa alla fine una vittima cosciente, nel momento in cui è ripudiato da tutto il paese, tradito dagli stessi parenti.

"Verrò condannato a morte e uno di voi mi ucciderà – conferma con calma a Claire – Non so chi sarà e dove succederà, so solo che concludo una vita senza senso."

Ecco che la vita di Alfred III al cospetto della fine acquista dignità, mentre tutti gli altri la perdono. Per qualche ora nella sua vita (come ha scritto Cases) egli rappresenta "il recupero della ragione in mezzo all'irratio, dell'autonomia in mezzo all'eteronomia, della libertà in mezzo alla schiavitù del meccanismo capitalistico".

Vane ambizioni

Le relazioni pericolose di Christopher Hampton: *l'amore che divora.*
Qui l'amore diventa pretesto per una passione assai più cerebrale: il desiderio di potere.

Nel 1782 Choderlos de Laclos scrisse quella che doveva essere la sua unica opera (a esclusione di alcuni scritti minori). *Le relazioni pericolose* nacque come romanzo epistolare e più di due secoli dopo Christopher Hampton ne curò la riduzione per le scene. Opera tutt'altro che semplice, la scommessa di rendere in due ore un volume di circa quattrocento pagine e almeno dieci personaggi importanti. Ma la scommessa è riuscita.

Ecco la vicenda. Le due persone che fungono da burattinai dell'opera, fino al momento in cui la storia prenderà il sopravvento su di loro, sono il visconte di Valmont e la marchesa di Merteuil. Entrambi cominciano il loro lento gioco di corruzione, le loro trame pericolose, fin dalle prime battute, con metodo sapiente. Ma hanno due funzioni diverse: è infatti la marchesa che istruisce Valmont, suo ex-amante, e lo fa muovere come una pedina, valendosi del suo fascino e dell'ascendente che ancora ha su di lui. La coppia miete vittime su vittime. Valmont ha dietro di sé una serie di fulgidi successi come donnaiolo. La Merteuil invece si compiace di essere tenuta nella massima considerazione come donna virtuosa; le sue vittime così cadono tanto più facilmente nella rete. La marchesa vuole sempre ad ogni costo primeggiare: è conscia dell'inferiorità del suo ex-amante e non vuol essere messa in secondo piano da nessuno, infatti non accetterà che Valmont s'innamori. Senz'altro è lei la vera protagonista del dramma.

I due (Valmont e la Merteuil) sono libertini, quindi il loro campo d'azione è la relazione amorosa. Ma per i due è soprattutto il luogo dove prende vita la loro corrotta idea di "potere" sull'altro sesso. E nel tranello sono catturate persone d'altro genere, i puri, che finiscono nel baratro. Capita così alla presidentessa di Tourvel, unico personaggio borghese della storia e vittima designata dei "nobili" Valmont e Merteuil. La vicenda del visconte e della presidentessa è il punto di forza del dramma. Quest'ultima è esattamente il contrario della Merteuil: nella sua personalità non c'è spazio per la menzogna, che neanche lontanamente immagina nel prossimo. Ella si sente subito presa d'amore dal visconte, ma tenta in tutte le maniere di fuggire: non tanto per la reputazione di lui, quanto per una propria rigorosa idea dell'etica matrimoniale (la donna è sposata). E quando la Merteuil minaccia di rendere la cosa di dominio pubblico e di ridicolizzare il visconte in società, lui, che di questa società e della sua approvazione ha fatto la propria ragione di vita, è indotto a lasciare la donna che ama, salvo poi pentirsene immediatamente.

Ma sarà troppo tardi.

Danceny e Cecilia sono altri due soggetti la cui personalità sembra meno marcata e quindi assai più tenue, rispetto ai "malvagi" Valmont e Merteuil, da un lato, e della "buona" Tourvel dall'altro. In loro è già presente, nonostante la giovane età, un sottile grano di depravazione che pian piano li corrode fino a dominarli quasi del tutto.

E però la conclusione, se punisce i malvagi, non dà speranza neppure a chi malvagio non è. Infatti la presidentessa di Tourvel morrà d'amore, uccisa dalla disperazione e dal rimorso per aver "ceduto", lei donna sposata, al visconte libertino. Cecilia finirà i suoi giorni in convento per essere stata l'amante del visconte. Costui morirà in duello, mentre la marchesa, quando la buona società avrà scoperto i suoi intrighi spietati, sarà emarginata e verrà deturpata atrocemente dal vaiolo.

Messaggio quanto mai attuale: basta una sola amicizia sbagliata per mettere in pericolo la propria sicurezza, i propri beni e la propria vita. Inoltre il senso del ridicolo e il fatto di voler ad ogni costo far parte di un gruppo, essere accettati, possono minare la propria felicità e portare, in caso di decisioni importanti, a prendere vie quanto mai sbagliate.

Leggiamo il monologo e i principi di Madame de Merteuil:

MERTEUIL: Sono una donna. Le donne sono costrette a essere infinitamente più abili degli uomini. Voi credete di impiegare tanta astuzia per conquistarci, quanta noi per cedere. Se le cose stiano così, non lo so. Sta di fatto che da quel momento voi avete in mano tutti gli assi. Potete rovinarci in qualunque momento ve ne venga voglia. Noi invece denunciandovi otterremmo solo di far crescere il vostro prestigio. Non possiamo nemmeno liberarci di voi quando vogliamo. Voi tagliate con un colpo solo. Noi dobbiamo escogitare una strategia per farci lasciare da voi, cosicché voi vi sentiate troppo in colpa per nuocerci; oppure trovare un sistema sicuro per ricattarvi. A voi bastano poche parole ben scelte per distruggere la nostra reputazione e la nostra vita. [...]

MERTEUIL: Quando feci il mio ingresso in società avevo già capito che il ruolo a cui ero condannata, ossia tacere e fare come mi si diceva, mi permetteva almeno di osservare e riflettere. Non quello che la gente mi diceva, ma tutto quello che cercava di nascondermi. Imparai a sorridere mentre sotto il tavolo mi conficcavo una forchetta nel dorso della mano. Divenni impenetrabile, anzi, un'acrobata dell'inganno. Il mio scopo non era il piacere, ma il sapere. Quando dissi al mio confessore che avevo fatto "tutto" con un uomo, la sua reazione fu di tale orrore che cominciai a intuire fino a quali estremi poteva arrivare il piacere. Avevo appena fatto questa scoperta, che mia madre mi annunciò il mio matrimonio. Così potei dominare la mia curiosità e arrivare ancora vergine nel letto di Monsieur de Merteuil. Quella prima notte fu per me un'occasione di esperienza. Osservavo tutto con precisione – i piccoli dolori, le piccole gioie – e così imparavo. In complesso Merteuil non mi diede troppi motivi di lamentarmi, e avevo appena cominciato a trovarlo un tantino ingombrante quando, con molto tatto, morì. Il mio anno di lutto mi servì per completare i miei studi. E alla fine mi trovai nella condizione ideale per perfezionare le mie tecniche. [...] Eccole. Amoreggiare solo con coloro che intendi respingere. Così ti fai una fama di invincibilità, mentre segretamente ti involi con l'amante che hai scelto. Mai scrivere lettere. Farsene scrivere, invece. Fare sempre in modo che ogni amante si creda il solo.

Il teatro, ovvero la scala di Giacobbe

Vincere o morire. E sono principi infallibili. Quando voglio un uomo, lo prendo. Quando lui vuole raccontarlo, scopre che non può. La storia è tutta qui. [...] C'è una cosa strana a proposito del piacere. Solo il piacere unisce i sessi, eppure da solo non basta a mettere le basi di un rapporto. Se non c'è di mezzo un elemento d'*amore*, il piacere conduce al disgusto. D'altro canto basta che questo *amore* si trovi da una delle due parti. Chi della coppia lo sente è naturalmente il più felice. Mentre chi non lo prova viene compensato in qualche misura dai piaceri dell'inganno.

Scrivere un monologo

Una delle maggiori difficoltà per chi scrive un monologo è quella di far sì che non assomigli a una conferenza.

Ora faremo un esercizio di scrittura, partendo da un testo di Paulo Coelho: *Veronika decide di morire*. Non è un testo teatrale, ma un romanzo. Lo trasformeremo in una pièce per la scena. In un monologo, scritto in prima persona. Impareremo a *scrivere come si parla*. Niente periodi troppo lunghi, dunque; proposizioni quasi tutte principali, poche subordinate. E niente parole troppo "letterarie", vale a dire nulla che non si possa ascoltare sull'autobus o al mercato. Anacoluti e sgrammaticature varie comprese.

Perché tutto questo? Non abbiamo letto finora degli scritti teatrali che avevano un linguaggio normale, addirittura aulico? E non possiamo scrivere così, mi chiederete?

A volte bisogna "corrompere" la scrittura per poter essere ascoltati. È un compromesso per avere pubblico, certo, ma se un brano del dramma lo scrivete in linguaggio poetico e l'altro, inserito a spezzoni, in linguaggio di strada, otterrete tre vantaggi: l'alternanza, che dà maggiori spunti di interesse, il linguaggio comune, che dà attenzione, e quindi l'ascolto e la concentrazione del pubblico. La scienza è un argomento difficile, dice la maggior parte delle persone. Adattiamoci!

Ecco la storia da "sporcare" col linguaggio parlato. Notate che la maniera di scrivere è già abbastanza snella, non è assolutamente noiosa. Tendiamo all'estremo limite il nostro arco, vale a dire la possibilità di scrivere, appunto, come si parla. In un monologo teatrale.

Fin dall'inizio della carriera, [Mari] aveva perduto l'ingenua visione della giustizia, imparando subito che le leggi non erano state fatte per risolvere i problemi, bensì per prolungare all'infinito i litigi.

L'ho capito subito, io, appena cominciato a fare l'avvocato. Giustizia? Macché! Tu credi che hanno fatto le leggi per risolvere i problemi. Eh no, caro mio. Le hanno fatte per allungare le litigate.

Peccato che Allah, Geova, Dio – quale che sia il suo nome – non fosse vissuto nel mondo di oggi. Perché, in tal caso, noi ci troveremmo ancora in Paradiso, mentre Lui dovrebbe rispondere a ricorsi, appelli, rogatorie, prediche, mandati, preliminari, cercando di spiegare in numerose udienze la propria decisione di scacciare Adamo ed Eva dall'Eden, solo perché avevano trasgredito a una legge arbitraria, priva di fondamento giuridico: "Non mangiare il frutto del bene e del male".

Dio, lui, mica vive al giorno d'oggi. Dio, dico, o Allah, o Geova, o come diavolo – pardon – si chiama. È un peccato, e lo sai perché? Perché noi staremmo ancora lassù in Paradiso! Lui invece sarebbe nei casini. Ricorsi, appelli, rogatorie, prediche, mandati, preliminari, tutto l'ambaradan della giustizia – si fa per dire – e una baraonda di udienze per giustificarsi. Eh già, l'ha fatta bella, lui. Cacciare Adamo ed Eva dal Paradiso. Solo perché avevano disubbidito a un ordine così, fatto a capocchia, senza basi legali, senza spiegazioni. "Non mangiare il frutto del bene e del male".

Ma se Lui voleva che ciò non accadesse, perché aveva piazzato quell'albero proprio al centro del Giardino, e non fuori delle mura del Paradiso? Se fosse stata chiamata a difendere la prima coppia, Mari avrebbe certamente accusato Dio di "omissione di atti d'ufficio": non solo aveva messo l'albero nel posto sbagliato, ma non si era nemmeno premurato di collocare tutt'intorno avvisi e barriere; non aveva adottato le più elementari misure di sicurezza, esponendo chiunque passasse al pericolo.

Eh però se Lui voleva veramente che nessuno lo mangiava, 'sto frutto, perché piazzare 'sta benedetta pianta proprio in mezzo al giardino, e non un po' più lontano? Io, per me, se dovevo difenderli, 'sti due, Adamo ed Eva, dico, subito subito partivo con una bella accusa al Padreterno: "omissione di atti d'ufficio". Primo, aveva messo 'sta pianta nel posto sbagliato, poi, per giunta, niente avvisi, niente barriere, manco le più elementari misure di sicurezza. E così tutti quelli che passavano di lì erano in pericolo, certo. Ma ci pensi?

Mari avrebbe potuto anche accusarlo di "istigazione a delinquere": aveva attirato l'attenzione di Adamo ed Eva sul punto esatto in cui si trovava l'albero. Se non avesse detto niente, intere generazioni sarebbero passate su questa Terra senza che nessuno si interessasse al frutto proibito, visto che doveva trovarsi in un bosco, fitto di alberi tutti perfettamente identici, e quindi privi di qualsiasi valore specifico.

Potevo anche portare Dio sul banco degli accusati. "Istigazione a delinquere". Di questo lo accusavo. Dice e ridice a 'sti poveretti esattamente dove aveva messo la pianta. Poteva evitare, no? Così un sacco di famiglie potevano venire al mondo senza manco pensare al "frutto proibito". Stava in un bosco, no? Pieno di piante tutte uguali, senza valore.

Ma Dio non agì in questo modo. Al contrario, scrisse la legge e trovò il modo di convincere qualcuno a trasgredirla, per poter inventare il castigo. Sapeva che Adamo ed Eva avrebbero finito per annoiarsi di quella perfezione e che, prima o poi, avrebbero messo alla prova la Sua pazienza. Rimase ad aspettare. Forse anche Lui, il Dio onnipotente, era annoiato che le cose funzionassero in modo perfetto: se Eva non avesse mangiato la mela, che cosa sarebbe accaduto di interessante in questi miliardi di anni?
Niente.

Mica ha fatto così, il buon Dio. Tutto al contrario, invece. Fa la legge e poi convince qualcuno a non osservarla. Così può inventare il CASTIGO. Lui sapeva che i due piccioncini dovevano annoiarsi. Tutto troppo perfetto. Che barba! Prima o poi dovevano farlo arrabbiare. Intanto lui aspettava. Forse pure Lui si annoiava, le cose erano troppo perfette, non capitava mai un accidente di novità. E se Eva non mangiava la mela, tutto finiva come al solito in una barba solenne.

Quando fu violata la legge, Dio, il giudice onnipotente, aveva simulato una persecuzione, come se non conoscesse ogni nascondiglio possibile. Con gli angeli che osservavano quel gioco e si divertivano – anche per loro la vita doveva essere molto noiosa da quando Lucifero aveva lasciato il Cielo –, Lui mosse qualche passo. Mari immaginava il modo in cui quel brano della Bibbia avrebbe potuto fornire qualche scena stupenda in qualche film di suspense; i passi di Dio, gli sguardi spaventati che si scambiava la coppia, i piedi che improvvisamente si fermavano davanti al nascondiglio.

E così la LEGGE è infranta. A pezzi. E Dio, giudice che tutto può, fa finta di seguirli, i due, di non trovarli. Storie! Lui conosceva alla perfezione tutti i posti dove potevano nascondersi. Intanto gli angeli stavano in poltrona a guardare, non si erano mai divertiti tanto, che pizza erano le cose da quando Lucifero se l'era squagliata! Così Dio fa qualche passo. Magnifica idea per un film, quel pezzo della Bibbia, Dio che cammina, sospettoso, la coppia che si guarda, ha già paura del castigo, poi i piedi di Dio, ma te li vedi i piedi di Dio, no, dico, ci pensi? Lì fuori, immensi, fermi davanti al nascondiglio.

"Dove sei?" aveva domandato Dio.
"Ho udito i tuoi passi nel giardino, ho avuto paura e mi sono nascosto, perché sono nudo", aveva risposto Adamo, ignorando che, dopo questa affermazione, era divenuto reo confesso di un delitto.

E Dio voleva sapere dov'erano. Quel cretino di Adamo che fa? Sputa il rospo. CONFESSA. Manco se ne accorge, no, lui poverino fa: "Ho sentito i passi, m'è venuta paura, così mi sono nascosto... sai, non c'ho uno straccio di vestito addosso"

Proprio così. Con un semplice trucco, con cui dimostrava di non sapere dove stava Adamo né il motivo della sua fuga, Dio aveva ottenuto ciò che desiderava. Comunque, per non lasciare alcun dubbio alla platea degli angeli che assisteva attenta all'episodio, aveva deciso di spingersi oltre.

Capito il trucco? Il Padreterno dice che non sa dove sta Adamo, non sa perché è scappato, e così ottiene quello che vuole. Ma vuole strafare, stravincere, tutto il fan-club degli angeli sta lì a guardare e non si perde una virgola, per cui Lui vuole avere la certezza della vittoria, e fare un figurone.

"Come sai di essere nudo?" aveva chiesto Dio, ben sapendo che alla domanda poteva essere data soltanto una risposta: "Perché ho mangiato il frutto dell'albero che mi permette di capirlo"

Per cui chiede come mai Adamo sapeva di essere nudo. Capite l'astuzia? C'era una sola risposta da dare: "Sai, ho mangiato il frutto della pianta, per cui l'ho capito, di essere senza uno straccio di vestito addosso"

Con quella domanda, Dio mostrò ai suoi angeli che era giusto, e che stava condannando la coppia sulla base di prove inconfutabili. Dopo questo, non importava sapere se la colpa fosse della donna o dell'uomo, né che fosse chiesto perdono. Dio aveva bisogno di un esempio, dimodoché nessun altro essere, terrestre o celeste, avesse l'ardire di andare contro le Sue decisioni.

Domanda azzeccata, infatti. E ti vedi gli angeli che fanno il tifo e poi applaudono perché Lui è giusto, e castiga solo se ci sono delle prove certe. E dopo, chi se ne frega se la colpa è di Adamo o di Eva, chi se ne frega se questi si pentono e chiedono pietà. Bisognava dare un esempio. Né in cielo né in terra nessuno doveva avere il coraggio di fargli la guerra, a Lui. E certo. Lui è il capo!

Dio scacciò la coppia. Anche i loro figli – come accade ancor oggi ai figli dei criminali – pagarono per quel delitto. Fu così che venne inventato il sistema giudiziario: legge, trasgressione della legge (logica o assurda, non ha importanza), processo (dove il più furbo sopraffa l'ingenuo) e castigo.

Dio sfratta Adamo ed Eva. Pure i figli di 'sti poveretti caccia via, infatti ancora adesso i figli dei criminali son trattati male. E così nasce il sistema giudiziario. C'è la legge, c'è qualcuno che la infrange, e che sia una legge giusta o ingiusta non gliene frega niente a nessuno. Poi arriva il processo, dove l'imbroglione gliela fa agli ingenui, e alla fine arriva il castigo. Punto e a capo.

L'incipit

Incipit. Dal latino "incipio, incipis, incepi, inceptum, incipere", mettersi all'opera. Iniziare. Darsi una mossa. È tempo, non si può più rimandare, comincia l'avventura.

In uno dei Vangeli si dice che la prima cosa a esistere è stata la Parola. Affermazione che nessuno si sogna di contestare, forse per mancanza di testimoni diretti o prove circostanziali.

Ecco mostrato il potere dei discorsi, delle tesi, dei manifesti politici o delle tesi religiose. È con la parola che Lutero e Marx hanno cambiato il mondo.

Dice il Vangelo che la Parola è l'elemento primigenio creatore.

In principio era il Verbo
E il Verbo era presso Dio
E il Verbo era Dio…
Vangelo secondo Giovanni

Spesso in un'opera teatrale s'inizia e si finisce nello stesso istante; anche in un racconto il tempo della narrazione inizia e finisce spesso con le stesse parole, tornando al medesimo punto di partenza, che si può considerare prima l'incipit del racconto di una vita e poi il racconto di un racconto, come succede nella *Casa degli spiriti* di Allende.

Barrabàs arrivò in famiglia per via mare, annotò la piccola Clara con la sua delicata calligrafia. Già allora aveva l'abitudine di scrivere le cose importanti e più tardi, quando rimase muta, scriveva anche le banalità, senza sospettare che, cinquant'anni dopo, i suoi quaderni mi sarebbero serviti per riscattare la memoria del passato e per sopravvivere al mio stesso terrore.

Passano 364 pagine, il romanzo termina così:

Mia nonna aveva scritto per cinquant'anni sui quaderni in cui annotava la vita. Trafugàti da qualche spirito complice, si sono miracolosamente salvati dal rogo infame, in cui sono perite tante altre carte della famiglia. Li ho qui, ai miei piedi, stretti da nastri colorati, separati per fatti e non per ordine cronologico, così come lei li ha lasciati prima di andarsene. Clara li ha scritti perché mi servissero ora per riscattare la memoria del passato e per sopravvivere al mio stesso terrore. Il primo è un quaderno di scuola di venti pagine, scritto con una delicata calligrafia infantile. Comincia così: "Barrabàs arrivò in famiglia per via mare..."

Isabel Allende, *La casa degli spiriti*

Oppure si può cominciare con un rito che infonda sicurezza. Si veda infatti l'incipit di *La cantatrice calva*.

SIG.RA SMITH: Già le nove: Abbiamo mangiato minestra, pesce, patate al lardo, insalata inglese. I ragazzi hanno bevuto acqua inglese. Abbiamo mangiato bene, questa sera. La ragione è che abitiamo nei dintorni di Londra e che il nostro nome è Smith.
[...]
SIG.RA SMITH: Lo yogurt è quel che ci vuole per lo stomaco, le reni, l'appendicite e l'apoteosi. Me lo ha detto il dottor Mackenzie-King, che cura i bambini dei nostri vicini, i Johns. È un bravo medico. Si può aver fiducia in lui. Non ordina mai dei rimedi senza averli prima esperimentati su di sé. Prima di far operare Parker, ha voluto farsi operare lui al fegato, pur non essendo assolutamente malato.

Eugene Ionesco

E alla fine quel che ha detto la signora Smith viene ripetuto pari pari dalla signora Martin e viceversa, in una co-azione a ripetere speculare, mentre lentamente si chiude il sipario.

Inoltre, sia nell'incipit sia nel finale ci si può prendere diverse libertà. Si può eliminare la famosa "quarta parete" entrando in confidenza con gli spettatori.

Un narratore può dire "Caro autore io mi sono impiccato, ma tu règolati come vuoi perché questa faccenda non ti appartiene e non so mica chi sei" (Sebastiano Vassalli, *Abitare il vento*) oppure azzardare un incipit del tipo "Stai per cominciare a leggere il nuovo romanzo *Se una notte d'inverno un viaggiatore* di Italo Calvino. Rilassati. Raccogliti. Allontana da te ogni altro pensiero. [...] Cerca di prevedere ora tutto ciò che può evitarti d'interrompere la lettura. Le sigarette a portata di mano [...] Devi far pipì? Bene, saprai tu". (Italo Calvino, *Se una notte d'inverno un viaggiatore*)

In ambito teatrale questo si può fare, mentre è abbastanza raro in matematica o fisica, in genere nella letteratura cosiddetta scientifica.

Provate a immaginare Euclide che, negli *Elementi*, dice "e mo' dopo il quarto postulato fatevi una pausa che arriva il bello" (in effetti, il bello – o filo da torcere - è arrivato: solo dopo un paio di millenni ci si è accorti che il quinto postulato conteneva differenze enormi rispetto agli altri quattro).

Ma l'incipit di gran lunga più famoso in ambito teatrale è quello del *Faust* di Goethe, ultima monumentale opera in versi dell'Occidente, scritta appunto per il teatro. Un dramma che è insieme un affresco e un'opera fiume.

Di nuovo risorgete, o fluttuanti fantasmi, che in gioventù appariste al mio sguardo ancora annebbiato. Tenterò io stavolta di trattenervi? Può ancora questa leggiadra follia far palpitare il mio cuore? Ma voi incalzate. E sia: quali spuntate dalle nebbie e dalle brume, regnate sul mio pensiero! Il magico soffio che vi alita intorno scuote il mio petto con un fremito di giovinezza.
Con voi recate le immagini di quei lieti giorni, e più di una cara ombra, ecco, risorge. Torna il primo amore, le prime amicizie, quasi vecchie leggende mezzo cancellate dal tempo. [...] Ed ecco che una nostalgia non provata da tempo mi spinge verso l'austero silente regno delle anime; malcerto, quasi bisbiglio, s'innalza il mio canto simile al gemito dell'arpa eolia; mi coglie un brivido, sgorgano le lacrime; questo severo mio cuore si sente

a un tratto pieno di tenerezza e di bontà. Lontano mi sembra tutto ciò che posseggo; quel che disparve risorge e diventa realtà.

Cominciare a scrivere (letteratura oppure teatro o ancora scienza o saggistica) significa tentare di passare dall'ignoto al noto, porsi come detentori di un segreto che verrà a poco a poco svelato.

Scrivere vuol dire sconfiggere la morte mediante la memoria, sottrarsi per sempre all'oblio mediante il segno, il simbolo, la lettera, il geroglifico. Muovere le pedine del tempo.

L'universo è un'enorme massa (o messe) di dati criptati in attesa del giusto decodificatore.

E allora voi scoprite, inventate, ampliate la conoscenza, il mondo, l'essere, datevi da fare...

COMINCIATE.

Spegnete la luce, dunque.
Aprite le finestre al sole.
Prendete la penna.
Avete davanti a voi un foglio bianco.
Coraggio!

Ho l'impressione che tutti gli scrittori del passato stiano ora scrivendo con voi.

Testi a più personaggi

Arriviamo al difficile. Come scrivere un testo a più personaggi?

Vi sono alcune regole ovvie.

Le entrate e le uscite, per esempio. Se scrivete un testo a otto personaggi, nulla di più facile che con la vostra penna ne dimentichiate uno in scena, mentre invece pensate che se ne sia andato. E allora, mettiamo in pratica un piccolo trucco.

Si cambia scena quando mutano i personaggi sul palcoscenico, dunque costruite dei piccoli segnaposti con i nomi dei vostri eroi, e mentre rileggete la commedia, o il dramma che avete scritto, fingete che la scena sia costituita dalla vostra scrivania, e abbiate l'accortezza di mettere da parte tutti i personaggi che non sono in scena e lasciare sul tavolo quelli che invece sono presenti.

E ora vorrei che seguiste, a mo' di esempio, quello che è purtroppo un interrogatorio vero, anche se pare un testo teatrale.

L'imputato è Oscar Wilde, che con le sue risposte troppo sincere e spontanee sarà condannato al carcere.

È un verbale, quel che di più simile la vita ci dà della finzione teatrale nel dialogo e nella battuta. Chi scrive per la scena ha molto da imparare osservando lo stile. Come se fosse un dramma. *Un dramma teatrale vero, cioè in fondo una finzione, e non uno spezzone di vita che imita l'arte...*

CARSON: Ha letto *Il prete e il chierichetto*?
WILDE: Sì
CARSON: Non ha dubbi che fosse sconveniente?
WILDE: Dal punto di vista letterario altamente sconveniente.
[...]
CARSON: Lei se non sbaglio è dell'idea che non esistono libri immorali.
WILDE: Infatti.
CARSON: Posso concludere che secondo lei *Il prete e il chierichetto* non era uno scritto immorale?
WILDE: Era peggio che immorale. Era scritto male.

PRIMO ERRORE. Questo è già un atto di ribellione al Pubblico Ministero, nonché una mossa che causa fastidio nell'eventuale giuria popolare.

CARSON: Ritiene il racconto blasfemo?
WILDE: Ritengo che abbia violato ogni canone di bellezza artistica.
CARSON: Questa non è una risposta.
WILDE: È l'unica che so dare.
[...]
CARSON: Per quanto riguarda le sue opera, lei posa o non badare alla moralità o all'immoralità?
WILDE: Non so se lei usi la parola "posare" in un senso preciso.

SECONDO ERRORE. In pratica dà dell'ignorante al giudice.

CARSON: Non è una sua parola favorita?
WILDE: Crede? Ma io in questo campo non ho pose.
Quando scrivo una commedia o un libro, mi occupo esclusivamente di letteratura, ossia di arte.
[...]
CARSON: Quando un libro è scritto bene, per quanto immorale possa essere, secondo lei è un buon libro?
WILDE: Sì, se è scritto così bene da suscitare un senso di bellezza.
CARSON: Allora un libro ben scritto che sostenesse dei principi morali corrotti potrebb'essere un buon libro?
WILDE: Nessuna opera d'arte sostiene mai dei principi. I principi appartengono a chi non è artista.

TERZO ERRORE. Gli dà pure del non-artista, pare voglia umiliarlo...

CARSON: Un romanzo corrotto potrebb'essere un buon libro?
WILDE: Non so cosa intenda lei per romanzo "corrotto".
CARSON: [...] Dorian Gray si presta ad essere considerato tale.
WILDE: Solo da parte di bruti e illetterati. Le opinioni dei filistei in arte sono di una stupidità incalcolabile.
[...]
CARSON: La maggior parte della gente rientra nella sua definizione di filistei e illetterati?
WILDE: Ho trovato delle meravigliose eccezioni.

E in questo modo l'illustre imputato si scava la fossa. Verrà condannato al carcere duro, e durante il periodo di detenzione scriverà il *De profundis*, uno dei memoriali più introspettivi e comunque dotato di una forza drammatica non comune: difficile che le due cose vadano insieme.

Vorrei terminare questo capitolo con un altro esercizio di scrittura teatrale, partendo dal brano di un romanzo, *La regina disadorna* di Maurizio Maggiani
   Ne facciamo un testo a due personaggi: una donna che ha assistito all'incidente e il ragazzo, che è il secondo addestratore di elefanti. I due raccontano il fatto alla folla ammutolita dall'orrore. Come prima, "sporchiamo" il testo con un po' di linguaggio di strada.

Selim [l'elefante] che non è pratico di locomotive e delle loro sirene, riconosce in quel fischio lo stesso identico tono del comando alla carica, solo amplificato cento volte e cento volte più convincente di quello solito suonato da uno zufolo di bambù. Ed esegue prontamente quello che gli è stato insegnato di fare a quel richiamo: alza in alto la proboscide, avvisa con un barrito che sta per partire, e poi parte. Il tutto in una frazione di secondo, il tempo necessario ad Alì per gridare qualcosa nell'orecchio della bestia e puntare il suo pungolo nel collo fino a trapassargli la pelle. Questo è il comando di frenata celere, che l'elefante conosce bene quanto quell'altro, e che per il dolore che gli procura trova il più convincente tra tutti quelli che gli sono stati insegnati.

DONNA: Sapete cos'è successo?
RAGAZZO: Selim era mica pratico di sirene e locomotive. Ma il fischio l'aveva già sentito mille volte.
DONNA: E quando?
RAGAZZO: Quando Alì lo allenava. Uno zufolo di bambù lo chiamava, era il comando alla carica. Solo che quello lì era mille volte più forte.
DONNA: E allora è subito partito!
RAGAZZO: Dovevate esserci! Naso in alto, un barrito, e lui parte. Carica!
PUBBLICO: Perché nessuno l'ha fermato?
RAGAZZO: Ci ha provato, io ero lì, lui gli pianta il pungolo nel collo, grida, gli dà il comando di fermarsi...
DONNA: Grazie a Dio!
RAGAZZO: Gli fa pure male, quindi lo convince a frenare subito.

Obbediente, il giovane Selim si predispone a bloccare la sua carica quando ancora le zampe anteriori sono a mezz'aria. Camilla il barrito l'ha sentito bene e se ne è anche un po' spaventata. A questo punto non può non esitare interdetta, almeno per un attimo; ed è questo infatti che succede. [...] Camilla si trova nel bel mezzo del triangolo formato dalla locomotiva, dal cavallo e dall'elefante; e mentre il moto delle due bestie sta pericolosamente stringendo due dei tre lati, lei è lì, immobile. [...] Peccato che Selim non la veda neppure, occupato com'è in tutt'altro problema: il pachiderma sta inciampando su se stesso. [...] È mezzogiorno in punto. E da Forte Castellaccio, preciso come l'accidente, parte il colpo di cannone. Bhaamm! E Selim allora impazzisce. [...] Quell'orrendo boato proviene direttamente dal cielo delle sue più angoscianti frenesie di paura. [...]

PUBBLICO: Ma perché la bestia non si è fermata?
RAGAZZO: Ma sì che si è fermata! È una bestia ubbidiente! C'aveva le zampe ancora in aria...
DONNA: Ma Camilla la voce dell'elefante l'aveva sentita!
RAGAZZO: E si era presa spavento.
DONNA: Infatti, e allora è stata ferma per un attimo... è quello che l'ha fregata.
RAGAZZO: Spiegati meglio, non hanno capito.
DONNA: C'era un triangolo, ora vi spiego, fatto così: la locomotiva, il cavallo, e l'elefante. E Camilla è proprio in mezzo. Le due bestie la stringono in mezzo...
RAGAZZO: Ma lei non si scansa.
DONNA: No. Niente. Sta ferma impalata. E l'elefante non la vede neanche.
RAGAZZO: C'ha un altro problema: casca su di sé.
DONNA: E poi è mezzogiorno, e dal forte ecco che parte il colpo di cannone. Puntuale come la morte
RAGAZZO: Un suono da fine del mondo. E allora la bestia dà di matto.

Quel suono è il segnale di piena libertà dalle regole dell'addestramento, dal suo buon senso pachidermico e dallo stesso istinto di sopravvivenza. Selim è infuriato. Barrisce per la terza volta. Ma non è un avviso, né una domanda, né una risposta: è solo il pianto sconsolato della sua disperazione. Non vuole più cadere a terra, vuole fuggire. Con un colpo possente si sbarazza del suo amico Alì, e con tutta la forza del suo peso si protende in avanti, tendendo le zampe nel primo passo di una carica: si è dimenticato ancora una volta della catena. Una catena che è stata costruita perché gli resista, perché sia in ogni circostanza un po' più forte di lui. Selim consuma tutta la sua immensa energia in due soli passi. [...] Non sono neppure dei passi: sono una rovina, sono un pezzo di montagna che si stacca e precipita nella valle, una diga che esplode, la terra che si apre. [...]

DONNA: Per il colpo di cannone.
RAGAZZO: 'Sto cannone gli dà la libertà dai suoi guai, lui è una furia, grida ancora. È disperato, non vuole cascare a terra, vuole scappare.
DONNA: È lì che butta giù il ragazzo.
RAGAZZO: E si sbilancia in avanti, la prima volta che fa il passo di carica.
DONNA: Ma si è di nuovo scordato della catena.
RAGAZZO: E sì che la catena è robusta, molto più robusta di lui, ma la bestia fa due passi con tutte le sue forze. E sono tante.
DONNA: Dici due passi! Ma sono una disgrazia, un terremoto, un alluvione...

Selim ha rotto la catena, è riuscito nell'impresa che nessun elefante del Gujarat né di nessun altro sultanato o regno o repubblica del mondo è mai riuscito a compiere. Per farlo si è lacerato la carne della zampa sinistra sino all'osso, ed è tutto sulla sinistra, con un movimento tanto innaturale quanto il suo dolore, che si sbilancia il suo impeto di fuga. Lì c'è Camilla che vede la luce del sole oscurarsi e il cielo intero occupato per un'ombra improvvisa. E il giovane elefante che i bambini di Zurigo attendono con trepidazione si attarda ad abbracciare Camilla. Lo fa alla buona, senza eleganza, lo fa come può farlo in quelle circostanze un elefante di cinque tonnellate. Il sangue schizza sulla locomotiva. [...]

RAGAZZO: La bestia ha rotto la catena, capisci? Nessun altro l'aveva mai fatto, in tutto il mondo non era mai successo, mai.
DONNA: Una ferita grossa, aveva, alla zampa, e poi era tutto sbilanciato a sinistra, e stava male.
RAGAZZO: Vuol scappare ma sbaglia mira.
DONNA: Perché lì c'è Camilla, vede il sole che diventa scuro.

RAGAZZO: Nel cielo c'è un'ombra, di colpo.
DONNA: E la bestia che fa? Abbraccia Camilla.
RAGAZZO: I bambini dello zoo della Svizzera lo aspettano ma lui si schianta sopra di lei.
DONNA: Cinque tonnellate.
RAGAZZO: Tanto di quel sangue...

Alle sei del mattino dopo, quando il cadavere di Camilla dormiva tranquillo sul tavolo di cucina [...] l'ispettore sanitario dilettante fotografo consegnava al commissario di bordo di una nave in partenza per New York la sua Kodak. [...] Così Camilla e Selim si apprestavano a varcare l'Atlantico. Ancora strettamente abbracciati. [...]

DONNA: Ora Camilla è di là in cucina. Sembra che dorme.
RAGAZZO: Ma non sai l'ultima. C'è una nave che parte per New York, e c'è il dottore della nave che si diverte a fare le fotografie...
DONNA: Embè?
RAGAZZO: Ieri ne ha fatte tante dell'incidente... Lui ha dato al commissario la sua macchina per le foto.
DONNA: Così Camilla e la bestia se ne andranno al di là del mare.
RAGAZZO: Ancora abbracciati...

Il rimorchio ha posato la ruota gommata posteriore destra sul collo di Giacomo. Quante tonnellate sul suo collo? [...] Ursus [il cavallo] batte uno dopo l'altro i suoi quattro zoccoli e nitrisce per la terza volta. Poi si blocca, immobile: ha fiutato odore di dolore. [...] Sascia ha ascoltato gli ultimi nitriti di Ursus e ha capito che la stava chiamando. Sascia era proprio sopra suo figlio, ancora nella sala d'attesa di seconda poggiando i piedi sul pavimento che fa da soffitto al sottopasso. I nitriti le sono giunti attutiti, tanto che il primo non l'ha neppure sentito. Si è stretta la giubba sulle spalle ed è andata verso le scale. Non se lo faceva così il richiamo dell'elefante. Aveva sempre pensato che dovesse essere qualcosa di sconvolgente, uno sconquasso terrificante, non la voce di un vecchio cavallo. "Vengo" ha risposto senza alzare la voce.

DONNA: Il rimorchio, poi, stava tutto con la ruota sul collo di Giacomo.
RAGAZZO: E pesava come una montagna.
DONNA: Il cavallo batteva le zampe a terra, urlava. Si capisce, sentiva odore di dolore.
RAGAZZO: Sascia ascoltava Ursus, sapeva che chiamava lei.
DONNA: Era in sala d'attesa, proprio di sopra al figlio.
RAGAZZO: Pian piano ha sentito i nitriti, sottovoce. Allora è scesa giù.
DONNA: Sascia l'aspettava da una vita, l'elefante. Solo mica pensava che doveva arrivare così.
RAGAZZO: Pensava che doveva essere una cosa sconvolgente, un terremoto, mica la voce di un cavallo anziano.
DONNA: E ha risposto, piano, sottovoce. Ha detto che veniva.

• • •

Con questi due esercizi di scrittura, siamo andati nella direzione opposta a quella del *Dialogo dei massimi sistemi* di Galileo. Continuo a ripetere che un tipo di scrittura teatrale "scientifica" deve essere snella, per almeno la metà del tempo dev'essere simile al linguaggio parlato.

Nel prossimo capitolo vedremo come s'intrecciano il teatro da una parte e la scienza dall'altro.

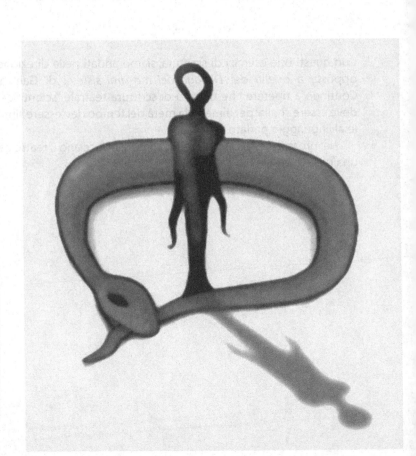

Illustrazione dalla locandina di *Senza fine* di M.R. Menzio

Teatro e Scienza, ovvero la contaminazione

[Scrivere è un] atto creativo che si può compiere in due modi: riflettendo – [cioè imboccando le vie della scienza] – o ricreando, vedendo cioè il mondo attraverso l'immaginazione. Al pensiero si rivela la causalità, alla visione la libertà che muove le cose. Nella scienza si manifesta l'unità, nell'arte la molteplicità di quell'enigma che chiamiamo mondo.

Friedrich Durrenmatt, *Lo scrittore nel tempo*

Dove si svela, cioè si toglie il velo, ad alcuni testi teatrali, o teatralizzabili, che parlano di scienza, o evocano dati scientifici

.

Gli epistemi

Nel suo saggio del 1966, *Le parole e le cose,* o *archeologia delle Scienze Umane*, Michel Foucault cita la *Grammatica* di Etienne Condillac e gli *Elementi di grammatica generale* dell'Abate Sicard.

Da Condillac riporta che, se la mente avesse il potere di pronunciare le idee "come le scorge", non vi è dubbio che "le pronuncerebbe tutte in una volta".

Dall'abate Sicard riferisce che "se il pensiero è un'operazione semplice, la sua enunciazione è un'operazione successiva."

Avere in mente un concetto. Pensare. Poi enunciare il pensiero. Dunque, scegliere come comunicarlo, e quindi come diffonderlo.

Ogni grande idea è opera forse non di singoli, ma di una folla di persone che "meditano" sul mondo. Comunicare un grande pensiero richiede comunque la scelta di una modalità espressiva.

Per la scelta di tale modalità occorre compiere due azioni:
• prima di tutto decidere se si vuole comunicare l'idea studiando il mondo esistente oppure inventando un mondo parallelo

• poi, all'interno di uno di questi filoni, selezionare il settore pre-
ferito.

Per esempio, se io voglio parlare del concetto "l'essere umano
è al centro dell'universo", posso decidere se utilizzare, secondo i
vecchi schemi

• l'ambito scientifico oppure

• l'ambito umanistico

e quindi, all'interno di questi due campi, il settore desiderato, cioè
da una parte l'astronomia la fisica la matematica, oppure dall'altra la musica la letteratura la pittura il teatro.

Ma...

Il pensiero è conoscenza, in greco detta *episteme*.

In ogni cultura, in un momento preciso, vi sono alcune idee
chiave per la conoscenza del mondo, idee che sottendono l'ambito scientifico e quello umanistico insieme, che uniscono logica,
mondo esterno e linguaggio.

Facciamo un esempio chiarificatore.

Consideriamo la cultura europea di inizio secolo.

In quel calderone di idee viene espresso lo stesso concetto sia
nella letteratura che nella drammaturgia, sia nella musica che nella
pittura, nella logica, nell'architettura, nella matematica, nella fisica...
L'elemento caratterizzante è il concetto di crisi.

In letteratura abbiamo il flusso di coscienza di Marcel Proust,
di Virginia Woolf, di James Joyce; in drammaturgia la sfaccettatu-
ra della verità, anzi la verità ultima data come inconoscibile; in
musica la dodecafonia di Schoenberg; in pittura la scomposizione
dello spazio tipica dei cubisti; in matematica la crisi del concetto
di decidibilità all'interno, per esempio, dell'aritmetica (teoremi di
incompletezza di Gödel); in fisica cosmica la crisi dei concetti di
spazio e di tempo (Teoria della relatività) e in fisica delle particelle elementari la crisi del concetto di misura (Meccanica quantistica). Addirittura, e qui cambio registro, vado sull'umoristico, addirittura si parla di crisi del concetto di identità sessuale nelle petti-
nature femminili... alla maschietta!

Torniamo ai nostri epistemi. Alla crisi. Non è detto che in questa
maniera arriviamo al pessimismo radicale, alla filosofia tragica di
Nietzsche. Dobbiamo ricordare che *krisis* in greco significa "giudizio, scelta, decisione"... Lo spirito del pensatore si risolleva

mutando punto di vista, cambiando visione del mondo, scegliendo un altro tipo di organizzazione dell'universo.

Riprendiamo l'esempio di prima. All'inizio dello scorso secolo sono vissuti e hanno lavorato Einstein e Pirandello.

Uno dei punti chiave della teoria della relatività generale di Einstein, come è noto, è la libertà di scegliere il punto di vista dell'osservatore: la perdita del centro del mondo. Ebbene, Pirandello in letteratura ha sostenuto il relativismo (non voglio con questo sovrapporre relatività e relativismo, come ogni specialista mi obietterebbe, noto soltanto alcune analogie). Ricordate la "Signora Morli, uno e due"? La signora Evelina, che è Eva per il marito e diventa Lina per l'amante, spensierata per l'uno e contegnosa per l'altro... e nessuna per sé.

Ancora, il problema dei tre corpi in fisica è analogo a quello che dice Pirandello in "Uno, nessuno e centomila" quando afferma che in una stanza con tre persone A, B e C, ve ne sono in realtà nove: A per sé, A per B e A per C; poi B secondo se stesso, B secondo C e B secondo A; in ultimo C visto da se stesso, da A e da B.

Le due culture

Diceva Charles Snow nel saggio *Le due culture* del 1959, che fin dall'inizio l'espressione "*le due culture* aveva suscitato proteste. Erano state mosse obiezioni alla parola «cultura»... altre obiezioni erano state sollevate, con ragioni molto più sostanziali, per quanto concerneva il numero due (fortunatamente nessuno" ribadisce l'autore, "aveva ancora avuto da ridire sull'articolo determinativo").

Ma andiamo ancora più indietro nel tempo. È del 1943 lo splendido capolavoro di Herman Hesse *Glasperlenspiel* cioè *Il gioco delle perle di vetro*. Questo libro, tratta di un gioco esoterico, che comprende matematica, musica, teatro, filologia, sintassi, drammaturgia, storia... insomma tutti i campi dello scibile umano. Ogni mossa è una specie di geroglifico scacchistico del sapere e lo svolgimento di ogni gioco aggiunge sempre qualcosa al variegato reticolo delle intersezioni fra la cultura classica e la cultura scientifica.

In questo paragrafo vorrei dare un'idea interdisciplinare delle due culture, fornendo un'intersezione tra le materie scientifiche e quelle umanistiche, e per queste ultime privilegiare il teatro.

Un'idea dell'incipit di questo argomento mi è venuta rileggendo una delle più poderose opere teatrali di tutti i tempi: il *Faust* di Goethe, ultima versione, in cui il protagonista chiede di fargli apparire Elena, eroina del mondo classico.

Mefistofele risponde che è difficilissimo, quasi impossibile, eppure... un mezzo c'è. Le *Madri*.

> Auguste dee troneggiano in solitudine; l'eterno le circonda senza luogo né tempo... Formazione, trasformazione, eterno giuoco dell'eterno pensiero, intorno ad esse aleggiano le immagini di tutte le creature.
>
> Attorno al loro capo aleggiano le immagini della vita

Le Madri: le matrici delle forme pure dell'essere.
La Storia delle Idee: le matrici comuni del pensiero.
Teatro e Scienza: uno strumento emotivamente forte per il rigore della scienza e della conoscenza.

Il progresso

Consideriamo ora il concetto di progresso, in campo scientifico prima e in campo teatrale poi, e facciamoci una domanda.

Pensiamo, ad esempio, alla "legge di gravitazione universale". Poi prendiamo in esame la frase di Pedro Calderon de la Barca: "La vita è sogno". Ebbene, quale delle due costituisce un progresso rispetto al passato? Si può parlare di progresso in ambito teatrale, o letterario, o più in generale artistico?

Suppongo risponderete di no, ma a questo punto bisogna rispondere di no anche al concetto di progresso scientifico, inteso come conoscenza cumulativa. Ne abbiamo già parlato.

Se invece pensiamo al "progresso" come cambio di punti di vista o di prospettiva, ecco che anche una frase che attiene di diritto al teatro può esser tale.

Pensiamo ad alcune grandi idee in ambito scientifico: la teoria della relatività, o la meccanica quantistica.

Ebbene, dal punto di vista del pensiero puro, esse sono innovazioni quanto la frase "l'amore è una sete senza fine" di Virginia Woolf, o che il tempo perduto diventa, nella memoria, tempo ritrovato, di proustiana memoria (ricordate la "madeleine"...).

È anche vero che, come dice Victor Hugo in *Notre Dame de Paris*, mentre da Gutenberg in poi si scrive su carta, una volta le idee venivano manifestate come architetture e sculture delle cattedrali...

Ma queste riflessioni appartengono ai linguaggi dell'arte, che esulano dalla presente trattazione; e suggerisco di leggere, al riguardo, il libro di Nelson Goodman.

Tornando al concetto di "progresso" in ambito scientifico, e pensando al cammino fatto dal geocentrismo all'eliocentrismo, ci rendiamo conto di un fatto: come dice Hanson, solo nel senso che hanno le stesse stimolazioni sulla retina, Tolomeo e Keplero vedono lo stesso sole. Ma in realtà non c'è nessun tipo di somiglianza fra il sole visto in un modo e il sole visto nell'altro.

Quello che muta, è l'organizzazione di ciò che si vede.

Per esempio, nel disegno qui sotto voi vedete un'anatra o un coniglio, si chiede Hanson?

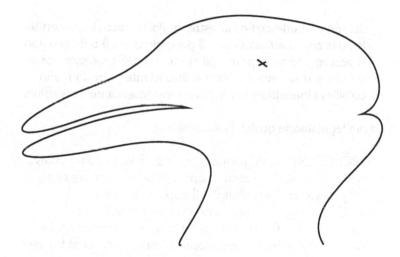

E risponde che l'osservazione di X è modellata dalla precedente conoscenza di X.

• Guardando il disegno e dando maggior "importanza" alla parte di sinistra, ci pare di vedere un'anatra. Se invece prediligiamo la parte destra, allora l'immagine ci appare sotto la forma di coniglio. Attenzione, però: nessuna delle due interpretazioni del disegno è quella "giusta", perché non c'è un modo "corretto" di guardare il disegno, opposto a uno scorretto.

Ci sono soltanto due diverse organizzazioni del mondo.

Questo perché l'osservazione è sempre impregnata di teoria.

Si pensi all'esempio fornito da Kuhn sulla difficoltà di individuare una carta di colore rosso con seme picche (linguaggio diverso da quello abituale). Si pensi ancora alla difficoltà della guida a sinistra per chi non abita in Inghilterra: è un universo nuovo, dove il punto di vista dell'osservatore, anzi del guidatore, viene capovolto.

Vorrei ora parlare della singolare analogia fra il disegno *dell'anatra-coniglio* e un testo teatrale di Ionesco, *La lezione*.

In questo dramma il "progresso" è costituito da un tipo particolare di crescendo, detto "ribaltamento". Il testo di Eugene Ionesco è bipolare; c'è infatti una contaminazione fra il registro umoristico e il registro drammatico. Sentiamo come ce lo spiega lo stesso autore:

> Spingere il burlesco fino all'estremo. Poi un tocco impercettibile ed ecco il dramma. Gioco di prestigio di cui il pubblico non si accorge, forse neppure gli spettatori. Un professore ossequioso e un'allieva spavalda e incosciente si trasformano in un'allieva inebetita e in un professore farneticante e assassino.

Ed ora leggiamone qualche citazione

> PROFESSORE: Buongiorno, signorina. È lei la nuova allieva, nevvero? Io non so come scusarmi di averla fatta aspettare...
> [...] saprebbe dirmi: Parigi è il capoluogo della...
> ALLIEVA: Parigi è il capoluogo della...Francia?
> PROFESSORE: Bravissima. Lei ha la geografia nazionale sulla punta delle manine, capoluoghi compresi. E vorrebbe presentarsi...
> ALLIEVA: Il più presto possibile, al primo concorso di libera docenza. Fra tre settimane.

PROFESSORE: E quale libera docenza intende presentare? Scienze materiali, o filosofia normale?
ALLIEVA: I miei genitori desidererebbero che io presentassi la libera docenza totale.
PROFESSORE: Bene. [...] Aritmetichiamo un po'. Quanto fa uno più uno?
ALLIEVA: Uno più uno fa due.
PROFESSORE: Magnifico! Lei mi sembra molto ferrata. Otterrà molto facilmente la libera docenza totale. Quanto fa due più uno?
ALLIEVA: Tre.
[...]
PROFESSORE: Sette più uno?
ALLIEVA: Otto.
PROFESSORE: Sette più uno?
ALLIEVA: Otto bis.
PROFESSORE: Eccellente risposta. Sette più uno?
ALLIEVA: Otto ter.
PROFESSORE: Stupendamente. Brava! Sette più uno?
ALLIEVA: Otto quater. E talvolta nove.

Fin qui il Professore non ha fatto che elogiare l'allieva, e lei si è data per vincente.

PROFESSORE: Felicitazioni. E ora proviamo la sottrazione. Quanto fa quattro meno tre?
ALLIEVA: Fa... sette?
PROFESSORE: Mi scusi, ma sono costretto a contraddirla.
ALLIEVA: Quattro?
PROFESSORE: No, signorina, non ci siamo.
ALLIEVA: Non farà mica dieci, per caso?
PROFESSORE: Non si tratta di indovinare, bisogna ragionare. Lei sa contare, vero? Fino a quanto sa contare?
ALLIEVA: Posso contare... fino all'infinito.
PROFESSORE: Impossibile, signorina.
ALLIEVA: Allora mettiamo fino a sedici.

Ora il Professore comincia a dare qualche segno di irritazione per la beata stupidità della ragazza, e lei a ridimensionarsi.

PROFESSORE: Ogni lingua si compone di suoni, o...
ALLIEVA: Fonemi!
PROFESSORE: Mi ha tolto la parola di bocca. Non sfoggi
però il suo sapere. Ascolti, piuttosto.
ALLIEVA: Sì, professore.
PROFESSORE: Stia zitta, lei.
ALLIEVA: Sì. Ho mal di denti.
PROFESSORE: (*cambiando bruscamente tono, con voce dura*)
Proseguiamo. [...] Lei ha scambiato lo spagnolo per il neo-
spagnolo, e il neospagnolo per lo spagnolo. Ah... no... è il
contrario.
ALLIEVA: Ho mal di denti. Lei s'imbroglia.
PROFESSORE: È lei che m'imbroglia.
ALLIEVA: Ho mal...
PROFESSORE: ... di denti.

Il Professore mostra segni evidenti di insofferenza, e per contrasto
l'allieva accusa una reale sofferenza fisica.

ALLIEVA: Va bene, va bene, ho mal...
PROFESSORE: ... di denti. Denti... Ma io glieli strapperò, i
denti. Ancora un esempio: la parola capitale, a seconda
della lingua parlata...

Ora il Professore si toglie la maschera e si svela completamente:
duro, criminale, violento.

ALLIEVA: Oh. Oh. I miei denti.
PROFESSORE: Silenzio. O le spacco la zucca.
ALLIEVA: Sì. Sì. Sì. Ma cosa vuole di più...?
PROFESSORE: Non diamoci tante arie, cocca, altrimenti...
ALLIEVA: Ah, ho male... [...]

A questo punto lui impugna un coltello, e impone all'allieva di
ripetere più e più volte, in modo maniacale, la parola coltello...
coltello... coltello...

PROFESSORE: Ripeta: coltello, coltello...coltello...
ALLIEVA: Coltello... La mia gola...

E quasi in trance ipnotico-criminale, in un certo senso indotto dalla malefica magia delle parole, ammazza l'allieva, come aveva fatto con tante altre ragazze prima di lei.

Un confronto

Questo è un esperimento sulle emozioni, cioè per alcuni sul nostro cervello, per altri sulla nostra anima.

Il palcoscenico è il luogo di infinite possibilità espressive.

La poesia è una di queste possibilità.

Immaginiamo che sulla scena siano appena state recitate le parole immortali di *Omar al-Khayyam*, in una delle sue più riuscite quartine (Omar al-Khayyam è uno dei più famosi poeti del secolo XI. Vissuto in Mesopotamia, si occupò di astronomia, matematica, poesia, alchimia, astrologia):

Coloro che furono oceani di perfezione e di scienza
E per virtù rilucenti divennero Lampade al mondo
Non fecero un passo nemmeno fuori di questa notte scura:
narrarono fiabe, e poi ricadder nel sonno.

Bene, cerchiamo di capire che tipo di emozione procura nella mente l'ascolto di questa quartina. È un'emozione che ci lascia commossi, come se una lampadina si fosse accesa e poi spenta.

Ora immaginiamo che sul palcoscenico si cambi scena, e vi sia un insegnante di matematica che ci parla della dimostrazione di un *teorema*:

Gli angoli alla base di un triangolo isoscele sono uguali.

Vi sono almeno due dimostrazioni di questo enunciato. La prima, la più lunga, utilizza metodi grafici (tipo prolungamento di segmenti). La seconda è più rapida, ma alcuni non la trovano persuasiva. È un ragionamento elegante, ma un po' elusivo, proprio per la sua forza di tipo più sintetico che analitico. Inoltre esula dalla geometria piana: ci porterà nello spazio a tre dimensioni.

Seguiamo la seconda strada. Vale a dire che ora il professore ci proverà il teorema seguendo la via più veloce.

La dimostrazione si basa sulla proprietà che un angolo si può sempre invertire.
Partiamo dal triangolo ABC, che sappiamo essere isoscele.
Siamo cioè al corrente del fatto che AB=AC.
Vogliamo dimostrare che anche l'angolo in B è uguale all'angolo in C.
Bene, consideriamo il triangolo A'B'C' che si ottiene dal triangolo ABC di partenza invertendo l'angolo A.
Praticamente abbiamo fatto fare una rotazione completa al nostro triangolo isoscele, l'abbiamo cioè messo di spalle, o di schiena se preferiamo.
I due triangoli ABC e A'B'C' hanno coincidenti gli angoli A e A', inoltre AB è uguale ad A'B' che è il nostro vecchio AC girato, e AC è uguale ad A'C' che è il vecchio AB girato*.
Quindi i due triangoli hanno uguali un angolo e uguali le coppie di lati che lo comprendono. Allora risultano uguali per il primo criterio di uguaglianza. Per questo hanno tutti gli elementi uguali. In particolare risulta che hanno uguali gli angoli corrispondenti, cioè gli angoli B e B', il quale ultimo è il nostro vecchio C.
Proprio quello che volevamo dimostrare.

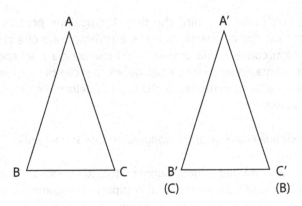

(C)   (B)

---

* Utilizzo il termine "uguali" e non la parola "congruenti", che è più precisa, per uniformità di presentazioni a chi abbia formazioni diverse, classica, scientifica o tecnica.

La dimostrazione ci procura un'emozione del tipo "ah, adesso ho capito", cioè una specie di illuminazione.

Sia la dimostrazione geometrica sia l'ascolto della quartina procurano ancora altre suggestioni. Vorrei dire, e non paia azzardato, suggestioni di tipo estetico: bellezza nella poesia e bellezza nel ragionamento, così veloce e intuitivo insieme, rigoroso e geniale.

Questioni di eleganza starebbero quindi alla base sia della migliore poesia sia di talune dimostrazioni matematiche... E questo è un esempio di dimostrazione di un teorema mediante il "pensiero laterale".

Un dramma davvero parigino di Alphonse Allais (1855-1905)

Ecco ora una storia d'amore che si muove dall'ambito teatrale "solito" verso la costruzione di mondi possibili.

Una storia che è molto vicina alla logica matematica. Ne faccio un breve sunto con qualche citazione.

I protagonisti di questa storia sono Raoul e Margherita, due sposini freschi freschi. La loro vita insieme poteva considerarsi felice, ma avevano entrambi un caratterino... Insomma ognuno dei due voleva avere sempre ragione. Ed erano piatti in frantumi o botte da orbi.

Una sera i nostri eroi erano andati a teatro, ove si dava *L'Infedele*.

Margherita guardava l'attor giovane con tanto d'occhi, Raoul faceva lo stesso con la prima attrice.

A casa, ci fu una scenata di gelosia.

Un giorno, Raoul ricevette una letterina:

Se volete vedere vostra moglie che si dà al bel tempo, andate giovedì al ballo degli Incoerenti, al Moulin-Rouge. Ella sarà mascherata da Piroga Congolese. A buon intenditor... Un amico.

Lo stesso giorno, Margherita ricevette un bigliettino analogo:

Se volete vedere vostro marito che si dà al bel tempo, andate giovedì al ballo degli Incoerenti, al Moulin-Rouge. Egli sarà mascherato da Templare *fin de siècle*. A buona intenditrice...

Un'amica

I due si misero a elaborare strategie.
Arrivata la fatidica data delle letterine,

"Mia cara – fece Raoul con aria innocente – sarò costretto a lasciarvi fino a domani. Affari urgenti mi chiamano a Dunkerque".
"Che combinazione! – rispose Margherita, deliziosamente candida – Ho appena ricevuto un telegramma della zia Aspasia che sta poco bene e mi vuole al suo capezzale".

Il lettore giustamente pensa a un mondo A dove Raoul e Margherita si tradiscono a vicenda.

Il ballo degli Incoerenti quella sera era splendido.
Era una pazzia collettiva, e la voglia di divertirsi contagiava tutti, tranne due persone che se ne stavano appartate: un uomo travestito da Templare e una donna mascherata da Piroga Congolese.
Alle tre di notte, il Templare avvicinò la Piroga, e la invitò a cena.
La Piroga senza parlare acconsentì e la coppia si appartò.
Il Templare chiese al cameriere di lasciarli soli per avere il tempo di scegliere il menù, dopo di che lo avrebbe richiamato.

Il cameriere si ritirò e il Templare chiuse a chiave la porta del camerino. Poi, con movimento brusco, toltosi l'elmo, strappò la mascherina alla Piroga.
Lanciarono entrambi un grido di stupore.
Lui, non era Raoul.
Lei, non era Margherita.

Si presentarono reciproche scuse e non tardarono a stringere amicizia, col favore di una cenetta che non sto a raccontarvi.
[...]

Ora si scopre che le due maschere non si conoscono, non sono affatto lui e lei, e il lettore ritiene che l'autore parli di un altro mondo, un mondo B.

Primo effetto di disorientamento

La piccola disavventura servì di lezione a Raoul e Margherita.

A partire da quel momento, essi non bisticciarono mai più, e vissero perfettamente felici e contenti. Non hanno ancora bambini, ma verranno, vedrete, verranno.

L'autore imbroglia le carte e dice che *"tutto questo serve da esempio"*, dunque torna al mondo A.
E il lettore è ovviamente sconcertato.

Secondo effetto di disorientamento

Umberto Eco suggerisce in *Lector in fabula* che il lettore ha prodotto dei mondi impossibili con le proprie aspettative, e ha scoperto che questi mondi sono inaccessibili al mondo del racconto. Ma il racconto, dopo aver giudicato questi mondi inaccessibili, se ne riappropria.

Come fa? Non certo ricostruendo un mondo con proprietà contraddittorie. Lascia solo pensare che questi mondi inaccessibili potrebbero essere in mutuo contatto.

E la logica dove se ne va? Mi chiedeva un allievo.

Suggerisco che l'autore si sia divertito non tanto a prendere in giro il lettore bensì a costruire una storia sulle aspettative del lettore stesso. Sul suo mondo pieno di "logica". Difatti, nessuna delle possibili spiegazioni "coerenti" della storia funziona mai. C'è sempre un particolare che non quadra. Pensateci!

Questo racconto ha molto in comune con il *triangolo impossibile* di Penrose. La stessa mancanza di logica dopo un apparente rigore. Eccolo!

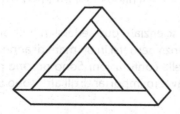

E ricordiamo sempre che a causa della loro centralità nella mente umana, le leggi della logica sono le più difese contro ogni correzione dalla forza delle abitudini. Le abitudini però sono utili: pensando che il futuro sarà simile al passato, evitiamo parecchi traumi... Ma ne parleremo oltre.

Dimostrazioni e confutazioni di Imre Lakatos

Imre Lakatos: una vita che sembra un romanzo.

Nasce nel 1922 in Ungheria da una famiglia ebrea, il cui vero nome era Lipschitz. Vive il dramma dell'occupazione nazista.

Sua madre è deportata ad Auschwitz dove morirà.

Durante la guerra, egli cambia nome passando da Lipschitz, troppo visibilmente ebreo, a Molnar.

Fa parte della Resistenza antinazista, si laurea, quindi diventa ricercatore all'Università di Budapest.

Partecipa alla seconda guerra mondiale e alla fine del conflitto si ritrova con pochi capi di vestiario marcati con le iniziali I.L. E proprio dalle iniziali I.L. gli viene un'altra idea. Cambia ancora nome, questa volta in maniera definitiva, diventando Imre Lakatos, un cognome molto diffuso nella classe operaia ungherese.

Dopo un anno a Mosca, il suo carattere troppo individualista gli fa negare il rinnovo della tessera al partito comunista.

Costruita a bella posta una procedura disciplinare contro di lui, Lakatos è arrestato e imprigionato nei campi di internamento stalinisti, dove rimane fino al 1953. Torna in Ungheria, ma dopo la repressione fugge a Vienna e si trasferisce poi a Cambridge, dove è pubblicata la sua tesi di dottorato, *Dimostrazioni e confutazioni*.

I drammi della sua vita, il camuffamento, il ripetuto cambio di identità... tutto questo si riflette indirettamente nella sua visione della scienza.

Secondo lui lo scienziato può sedersi in poltrona, dimenticare i dati e pensare, senza perdersi in un mare di anomalie: si va avanti, senza curarsi delle confutazioni. Sono proprio pochi, egli dice, gli esperimenti davvero importanti: gli altri sono una pura perdita di tempo.

Egli poi afferma che "Gli scienziati prima inventano le loro teorie e poi vanno a caccia, in modo altamente selettivo, di fatti nuovi che si adattino a queste fantasie." È la "scienza che crea il proprio universo".

La tesi di dottorato di Imre Lakatos, *Dimostrazioni e confutazioni*, è stata definita da Matteo Motterlini una "commedia degli errori".

È ambientata nell'aula di un liceo, dove si discute la dimostrazione del teorema di Eulero sui poliedri.

È quasi un dialogo platonico. Ed è forse il primo esempio nella storia di "teatro e matematica".

L'autore parla della *congettura di Eulero*, quella che afferma che in ogni poliedro vale la formula $V - S + F = 2$.

Torniamo un momento indietro. In un poligono, fra il numero dei vertici V e il numero dei lati L esiste una banale relazione di uguaglianza. Cioè si ha che $V = L$.

Ci si chiede se per un poliedro può valere una relazione analoga, che leghi facce, spigoli e vertici.

Dopo aver dimostrato che per tutti i poliedri regolari vale la relazione $V - S + F = 2$, ci si chiede se per caso questa congettura (detta appunto congettura di Eulero) valga in tutti i poliedri in generale.

La discussione si svolge in un'immaginaria aula scolastica, tra il professore e i suoi allievi. Ecco quindi i personaggi del testo teatrale:

PROFESSORE
STUDENTE ALFA
STUDENTE BETA
STUDENTE GAMMA
STUDENTE DELTA
STUDENTE EPSILON
STUDENTE KAPPA
...... e così via fino allo
STUDENTE OMEGA.

Una delle difficoltà a mettere in scena questa commedia sta proprio nel numero molto elevato di attori, difficilmente gestibile sia dal punto di vista dell'allestimento su palco sia da quello finan-

• ziario. Per una messinscena tradizionale, rispettosa al 100% del copione dell'autore, occorrerebbe forse sfoltire il numero degli studenti, magari facendo impersonare due studenti diversi dallo stesso attore...

Ecco il sunto della parte più importante della commedia, dal punto di vista della teatralità, cioè della fruibilità dei concetti per mezzo della recitazione sul palcoscenico. Le frasi più importanti sono rimaste inalterate.

PROFESSORE: Immaginiamo che il poliedro sia cavo, costituito da una sottile superficie di gomma. Se tagliamo via una delle facce, possiamo distendere la superficie che resta, senza lacerarla, sul piano della lavagna. Le facce e gli spigoli saranno deformati, gli spigoli potranno venire curvati, ma il numero V dei vertici e il numero S degli spigoli non saranno modificati.

Poi, per mezzo del procedimento di triangolazione, il professore dimostra la congettura.

Fa per uscire tutto soddisfatto dall'aula, certo che la dimostrazione sia conclusa, col sorriso sulle labbra e l'affermazione, cara a tutti i matematici, "come dovevasi dimostrare" quando... gli allievi insorgono perché non sono affatto convinti.

Si fa avanti il primo "elemento di disturbo": lo studente Alfa.

STUDENTE ALFA: Ho un controesmpio.

(I controesempi, come abbiamo già detto, sono esempi che mettono in crisi una teoria).

Immaginiamo un solido limitato da una coppia di cubi l'uno messo dentro l'altro: due cubi l'uno dei quali è interno, ma non tocca l'altro.

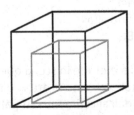

Ebbene, asportando una faccia dal cubo interno, il poliedro non si può affatto stendere su un piano. E non ci gioverebbe neppure asportare una faccia dal cubo esterno...
Inoltre per ciascuno dei due cubi $V - S + F = 2$, così che, per il cubo cavo totale, risulta $V - S + F = 4$.

La classe comincia a preoccuparsi, quando... ribatte il

PROFESSORE: La congettura ha subito una severa critica con il controesempio di ALFA. Ma non è vero che la dimostrazione abbia completamente fatto cilecca. A te interessano solo le dimostrazioni che "dimostrano" quello che si erano prefissate. A me le dimostrazioni interessano anche se non sono riuscite nel loro proposito. Colombo non ha raggiunto le Indie, ma ha scoperto nondimeno qualcosa di molto interessante. Occorre avere una mente davvero aperta per accorgersi della portata di ciò che si trova lungo il cammino, inseguendo un'idea prefissata.

Si fa avanti un altro "elemento di disturbo": questa volta si tratta dello Studente Delta.

STUDENTE DELTA: Questa è una critica-truffa. La coppia di cubi uno nell'altro non è affatto un poliedro; è una mostruosità, un caso patologico, non un controesempio. Quello che ci hai mostrato erano due poliedri: due superfici, una completamente interna all'altra. Una donna con un bambino in grembo non è un controesempio al fatto che gli esseri umani abbiano una sola testa. Un poliedro è una superficie costituita da un sistema di poligoni.
PROFESSORE: Per il momento accettiamo la definizione di DELTA. Riesci a confutare la congettura, se noi per poliedro intendiamo una superficie?
STUDENTE ALFA: Certo. Si prendano due tetraedri con uno spigolo in comune. Oppure due tetraedri con un vertice in comune.
Entrambe queste coppie di gemelli siamesi sono connesse, entrambe formano una superficie unica.
Potete controllare che per entrambi $V - S + F = 3$.

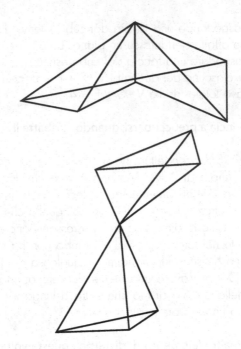

Sembra si sia arrivati a un punto morto.

La discussione si arena sul linguaggio, finché ancora lo studente Alfa propone un patto.

E a questo punto, arriva il colpo di scena

> STUDENTE ALFA: Perché non definire "poliedro" proprio un sistema di poligoni per il quale vale l'equazione $V - S + F = 2$? Questa *Definizione Perfetta* metterebbe fine alla discussione per sempre. Non ci sarebbe bisogno di studiare più a lungo la questione.

Cos'è successo?

Si è passati: da una proposizione che si voleva *dimostrare*, al tentativo di comprensione di un concetto (che appartiene a ciò che si vuol dimostrare) tramite proprio quella proposizione che ora diventa una *definizione*.

Sbalorditivo!

Dalla dimostrazione alla definizione!

PROFESSORE: Mi spiace interrompervi. Ma io per primo non ho definito la parola "poliedro". Ho presupposto la familiarità con questo concetto, cioè la capacità di distinguere una cosa che è un poliedro da una che non lo è – ciò che alcuni logici chiamano conoscenza dell'estensione del concetto di poliedro. Si è visto invece che l'estensione non era affatto ovvia, e che le definizioni vengono spesso proposte e discusse quando si presentano dei controesempi.

GAMMA: Un altro controesempio: un poliedro-stella che chiamerò riccio.

DELTA: Comincio a perdere interesse alle vostre mostruosità. Nella matematica io cerco ordine e armonia, mentre voi create solo caos e anarchia. Io non restringo i concetti, siete voi che li espandete.

ALFA: Mi pare impossibile che la frase "V – S + F = 2" una volta fosse una strabiliante congettura che destava tanto interesse e scalpore. Ora, coi vostri bizzarri slittamenti di significato, è divenuta uno spregevole frammento di dogma.

DELTA: Le mostruosità non favoriscono la crescita, nel mondo della natura come in quello del pensiero. L'evoluzione segue un cammino armonioso e ordinato.

GAMMA: Un genetista ti potrebbe facilmente confutare.

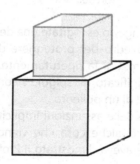

ALFA: Consideriamo un cubo con in cima un cubo più piccolo. Per questo "cubo con la cresta", V – S + F = 3.

IOTA: E questo mostra la fondamentale unità di dimostrazioni e confutazioni.

PROFESSORE: La maggior parte dei matematici non pensa di poter dimostrare e confutare contemporaneamente una congettura. Vorrebbe o dimostrarla o confutarla.

KAPPA: C'è un regresso all'infinito nelle dimostrazioni: ecco perché le dimostrazioni non dimostrano. Dimostrare è un gioco, che va giocato finché ti diverte e smesso quando sei stanco. E poi, pensate un po': se Dio avesse creato i poliedri in modo che ogni osservazione universale vera su di essi – espressa in linguaggio umano – fosse infinitamente lunga?

E poi succede un'altra cosa.

OMEGA: Sei certo che il nostro problema fosse di scoprire il dominio di verità di $V - S + F = 2$?

ZETA: No che non lo era! Il nostro problema era trovare una relazione fra V, S, e F per un poliedro qualsiasi. È stato un caso che avessimo familiarità in primo luogo con i poliedri per cui vale $V - S + F = 2$. Ma un'indagine critica su questi "poliedri euleriani" ci ha mostrato che ci sono molti più poliedri non-euleriani che poliedri euleriani. E voi vi siete innamorati del problema di scoprire dove Dio ha tracciato il confine tra poliedri euleriani e non-euleriani.

Andando avanti, vengono escogitate una definizione dopo l'altra del concetto di poliedro per proteggere dalla confutazione la congettura di Eulero. Chi fa ripetutamente slittare il significato (per esempio, il significato di "spigolo") considerando perfino il cilindro alla stregua di un poliedro.

Vi sono sempre delle assunzioni implicite di cui non si tiene conto, c'è sempre qualche cosa che viene dato per scontato. Rispetto a quel che aveva dimostrato il Professore, c'erano degli assunti base nascosti.

E a nessuno era venuto in mente che se c'era un controesempio a una congettura, non era sempre l'enunciato a essere sbagliato, ma in alcuni casi il tipo di dimostrazione. Ecco infatti cosa dice:

KAPPA: Per ogni proposizione, c'è sempre qualche interpretazione abbastanza ristretta dei suoi concetti per cui risulta vera, e qualche interpretazione sufficientemente ampia per cui risulta falsa.

Si dibatte sulle dimostrazioni e sulle classificazioni delle mostruosità. Ma dobbiamo sempre aver presente che quando la conoscenza cresce, anche il linguaggio cambia. Un solo esempio: dopo aver chiarito alcune distinzioni e raggruppamenti, in una materia come la zoologia la balena non è più stata classificata fra i pesci.
Come finisce la discussione?
La congettura di Eulero, prima formulata in modo ingenuo, è tradotta poi nell'algebra dei vettori, e finalmente viene dimostrata.

. . .

A questo punto, ritengo che sia importante dedicare qualche riga in più all'argomento e approfondire due elementi-chiave di questo insolito esperimento di teatro e matematica.
In una parte successiva del testo, uno dei punti strategici del dibattito, tra i più accesi, è la richiesta dello studente Gamma che ci siano dei critici matematici, come vi sono dei critici letterari, per sviluppare il gusto matematico e arrestare l'ondata di banalità pretenziose.

La critica letteraria può esistere perché possiamo apprezzare una composizione poetica senza considerarla perfetta; la critica matematica o scientifica non può esistere fin tanto che apprezziamo un risultato matematico o scientifico solo se produce la verità perfetta!

Infatti, se sfogliamo un libro di testo delle scuole medie superiori, ci rendiamo subito conto di una sostanziale differenza. Se si tratta di un'antologia di scritti letterari, vi sono giudizi di merito a ogni pagina. E quanto è delicato il sonetto, e quanta forza espressiva troviamo nel testo teatrale, ancorché debole di argomentazioni sociali... Se si è invece davanti a un libro di matematica, o di fisica, con teoremi e lemmi e dimostrazioni, non capita mai di leggere una recensione allo svolgimento dei ragionamenti: questa prova del teorema è assai più convincente, elegante, oppure meno essenziale, in quanto fa uso di un numero maggiore di corollari... è un vero peccato che frasi di questo genere non si leggano mai.

Un altro strumento "forte" della discussione è la critica sottile dello stile deduttivista nell'approccio "euclideo" in matematica. Abbiamo già visto come Karl Raimund Popper criticasse l'*induzione* nella scienza: ora viene sottoposta a giudizio la *deduzione*, con tutti i tranelli logici insiti nel linguaggio.

La via migliore, secondo Imre Lakatos, è quella di seguire come prima cosa l'intuizione, lasciando momentaneamente da parte la precisione e il procedimento ipotetico-deduttivo.

Tutto questo, beninteso, non deve indurre – né induce poi Lakatos, come si è visto alla fine della commedia – a disprezzare il rigore.

Non foss'altro perché sostituendo a concetti abbastanza vaghi un apparato del tutto rigoroso, se ne scoprono alcune sfumature e finezze che altrimenti andrebbero perdute.

È chiaro che in passato si sono spesso usate in matematica procedure non troppo rigide.

Per esempio, Leibniz pensava e scriveva concetti di analisi infinitesimale in un modo che oggi farebbe rabbrividire qualunque studente di matematica del primo anno.

Tuttavia avrebbe avuto del pari torto chi avesse scartato del tutto la visione di Leibniz come vaga e insensata, tant'è vero che essa è stata recentemente recuperata nella cosiddetta "analisi non standard" di Abraham Robinson.

...

Vorrei ora parlare di una possibile messinscena non tradizionale di questo testo. Un attore potrebbe impersonare i tetraedri gemelli siamesi, un altro il parallelepipedo classico, un altro ancora una cornice o un poliedro stella, e l'attore più bravo di tutti potrebbe essere una scatola con un'altra scatola all'interno con un'altra scatola, per parlare del fatto che in questo caso particolare $V - S + F$ tenderebbe all'infinito.

Mi piacerebbe che qualcuno tentasse questo particolare allestimento, che ovviamente sarebbe tutto legato ai costumi. Provateci!

Caccia al tesoro

Ecco alcune pagine, teatrali e commoventi, che paiono prese da un trattato. Un brano di filosofia è una cosa importante, seria; se fosse una persona, sarebbe un nobiluomo, splendido nella sua compostezza; nulla di più lontano dallo *sturm und drang* della passionalità teatrale... eppure in questo particolare trattato, specie nelle pagine che leggerete, ci sono oceani di sentimento, gioia, dolore, disperazione, nel sottotesto c'è una fortissima volontà di capire e di cambiare il mondo, una rara onestà intellettuale, e soprattutto l'ansia di conoscenza e di scienza... Eccone un estratto, una breve sintesi, che però lascia intatte le righe salienti:

1.01. Numero i miei pensieri per amor di chiarezza, in modo che ognuno mandi un suono limpido di altezza distinta come una campana.

1.02. Mi propongo di pensare solo in termini di fatti.

2. Il mio nome è Ludwig Wittgenstein.

3. Ludwig è un nome tedesco piuttosto comune.

4. Io credo di essere stato chiamato così da Ludwig van Beethoven.

5.01. La mia convinzione è una ragionevole inferenza del fatto che mia madre era pianista, convinta che la musica fosse essenziale alla vita

5.11. e il mio fratello maggiore Paul diventò pianista concertista.

5.21. Mio fratello Hans, che si è suicidato, era un prodigio musicale.

5.31. Le mie sorelle erano tutte dotate o musicalmente preparate...

Qui il crescendo è quasi del genere ipotetico deduttivo, comunque molto deve alla logica matematica

5.41. Brahms e Mahler erano amici dei miei e venivano a suonare in casa nostra.

5.51. Per Brahms, Mahler, i miei genitori e tutti i miei conoscenti era un fatto che Beethoven fosse il più grande di tutti i geni musicali.

5.61. Chiamato col nome di un genio, mi credevo un genio designato.

6. I miei genitori e i miei fratelli non condividevano questa convinzione.

6.01. Erano giunti a questo risultato perché fino all'età di quattro anni non ho parlato.

7. Avevo imparato a parlare molto prima di compiere quattro anni, ma ero così atterrito dal mondo in cui mi trovavo che scelsi il silenzio.

Ci vengono fornite alcune notizie di carattere biografico-aneddotico, e lo spavento del protagonista di fronte alla realtà esteriore. Il seguito sarà un incalzare sorretto da un ritmo musicale.

7.01. Da allora, in tutta la filosofia che ho fatto, ho distinto le verità che si possono dire dalle verità che esistono solo nel silenzio.

7.02. Ho sempre sostenuto che le verità del silenzio, quando vengono dette, non sono più vere.

8. Il mio primo ricordo è lo scalone di Alleegasse, a Vienna.

8.01. Si componeva di 34 scalini di marmo, larghi 3 metri.

8.02. Era coperto da una lussuosa guida rossa, verde e bianca: i colori dell'impero austroungarico.

8.1. Ringhiere con balaustre di alabastro a forma di vasi sottili fiancheggiavano ogni pianerottolo.

8.12. Sulle pareti rivestite di marmo rosa di Carrara si specchiava all'infinito la persona che saliva verso il grande *foyer*.

8.21. Erano affrescati con motivi di elementi persiani.

8.4. Davanti all'arazzo, su un piedistallo, c'era una grande urna di Dresda piena di fiori che venivano cambiati ogni mattina.

8.5. Accovacciati sul pavimento c'erano due cani d'ottone cinesi.

9. Il barocco splendore di quella sontuosa dimora in Allegasse mi nauseava allora e a pensarci mi nausea ancor oggi.

9.03. Il ricordo dello scalone suscita in me una disperazione generale della cultura *fin de siècle* della mia giovinezza.

10. I miei genitori dedicarono la vita all'ascensione di quelle scale.

Si enfatizza la differenza: il filosofo prova disgusto verso i falsi orpelli, quegli orpelli e quel mondo che i genitori avevano tentato, con successo, di scalare.

10.01. I loro nonni erano ebrei convertiti al cattolicesimo.
10.02. All'istituto tecnico al quale mi mandarono, Adolf Hitler era uno studente indietro di due classi rispetto a me.
11. Quando tornai dalla Grande Guerra cedetti immediatamente ai miei fratelli l'immensa ricchezza da me ereditata.
12. Basandomi sul principio del cubo, progettai una casa in Kundmanngasse – semplice, severa, disadorna e priva di qualsiasi fronzolo e abbellimento – per mia sorella, la cui anima destava i miei timori.

Qui appare legittimo l'insorgere di un dubbio: è amore della semplicità spinto all'eccesso, oppure una semplificazione infantile, che non tiene conto dei canoni di bellezza che il "barocco splendore" della casa paterna comunque conteneva, anche soltanto a tratti?

13. Me ne andai a vivere in povertà e a lavorare manualmente in campagna.

Una scelta di vita coerente, ma assai difficile. Masochismo intellettuale, direbbero i più. Ma quali sono veramente i confini fra integrità individuale e scelte asociali?

13.01. Nelle scuole elementari insegnai aritmetica ai figli dei contadini.
14. Fui attirato dalla filosofia.
14.01. Mi resi conto che il linguaggio del pensiero filosofico occidentale era soffocato da ammennicoli barocchi e pretenziosi, come la mia ancestrale dimora in Allegasse.
15. Comprai un quaderno a righe.
16. Mi ritirai in una capanna in un fiordo norvegese e mi scoprii più desolatamente solo di quanto potessi sopportare.
17. Per udire una voce umana, piansi.
18. Affondai lo sguardo nell'infinita notte norvegese e mi misi a studiare la nuova fisica di Einstein.

• L'autore chiede alle nuove frontiere della scienza di aiutarlo a risolvere i problemi filosofici del mondo. La sfida è quella di fare *tabula rasa*, ripartire da zero, e la scienza, il desiderio di conoscenza, sono il punto d'inizio

19. Scrissi nel quaderno che, anche risolvendo ogni questione scientifica possibile, il nostro problema continuerà a non essere preso in esame.

Qual è questo problema? La visione unitaria del mondo, una spiegazione scientifica onnicomprensiva, ma a tutt'oggi illusoria, l'esistenza di Dio, la questione sociale… L'autore fornisce spunti, idee, interrogativi geniali, con sincerità commovente. Ma nella sua dirittura morale non fornisce risposte.

N.B. Parlavo di caccia al tesoro: da dove sono state prese queste pagine, e chi ne è l'autore? Fate attenzione… Un piccolo aiuto lo troverete nella bibliografia.

Herman Hesse e la *Favola d'amore*

Concludo il capitolo dove si è parlato delle "due culture" con la *Favola d'amore* di Herman Hesse. È un sunto che però come al solito lascia inalterati i brani salienti. Immaginiamo che ogni capoverso sia letto da un attore diverso, e abbiamo un esempio di "testo corale", come a volte oggi si usa dire in teatro. Ne vedremo altri in seguito.

Appena giunto in Paradiso, Pictor si trovò davanti a un albero che era insieme uomo e donna, poi vide una pianta, che era insieme sole e luna.
Chiese quindi di essere trasformato in una pianta, perché gli alberi gli apparivano pieni di pace, forza, dignità.
L'albero Pictor era felice e non contava gli anni che passavano. Solo lentamente imparò a guardare con occhi d'albero. Finalmente poté vedere, e divenne triste.
Vide infatti che intorno a lui nel paradiso tutto scorreva in un flusso incantato di perenni trasformazioni.

Ecco che lo scrittore ci svela il segreto della vera felicità: il perenne mutamento.

Vide fiori diventare pietre preziose, o volarsene via come sfolgoranti colibrì. Vide accanto a sé più di un albero scomparire all'improvviso: uno si era sciolto in fonte, un altro nuotava fresco e contento, con gran godimento, come pesce guizzando, nuovi giochi in nuove forme inventando.
Lui non possedeva il dono della trasformazione, quindi sprofondò nella tristezza e perse ogni bellezza.
Un giorno una fanciulla dai capelli biondi e dalla veste azzurra si perse in quella parte di paradiso. Quando l'albero Pictor scorse la fanciulla, lo prese un grande struggimento, un desiderio di felicità come non gli era mai accaduto.
La fanciulla udì un fruscio tra le foglie dell'albero Pictor, alzò lo sguardo e sentì, con un improvviso dolore al cuore, nuovi desideri, nuovi sogni muoversi dentro di lei.

Il solito amor che se muove il sole e l'altre stelle riesce senza sforzo a muovere l'animo della fanciulla e quello dell'albero Pictor: è… un'altra forza di attrazione universale.

Attratta dalla forza sconosciuta si sedette sotto l'albero. Esso le appariva solitario, solitario e triste, e in questo bello, commovente e nobile nella sua muta tristezza. Cosa le accadeva?
Perché il suo cuore voleva spaccare il petto e andare a fondersi con lui, con il bel solitario?
Pictor pensò che era triste essere confinato per sempre, solo in un albero! Era così lontano dal segreto della vita!
Venne volando un uccello, rosso e verde era l'uccello, mentre descriveva nel cielo un anello. La fanciulla lo vide volare, vide cadere dal suo becco qualcosa che brillò rosso come sangue, rosso come brace, e cadde tra le verdi piante.
Il richiamo squillante della sua rossa luce era tanto intenso, che la fanciulla si chinò e sollevò quel rossore.
Era un cristallo, era un rubino! Intorno a esso non vi può essere oscurità!
Non appena la fanciulla ebbe preso la pietra fatata, immediatamente si avverò il sogno che le aveva riempito il cuore: la

bella divenne tutt'uno con l'albero, si affacciò dal suo tronco, come un robusto giovane ramo, che rapido s'innalzò verso di lui.

Come in ogni favola che si rispetta, ecco la pietra fatata, il rubino, cioè l'*aiutante magico* che dà una mano all'eroe e all'eroina.

Ora tutto era a posto, era stato trovato veramente il paradiso, Pictor non era una vecchia pianta intristita, ora cantava forte: Pictor, Pictoria, Victoria!
Era trasformato. E poiché questa volta aveva raggiunto la vera, l'eterna trasformazione, poiché da una metà era diventato un tutto, da quell'istante il flusso fatato del divenire cominciò a scorrere nelle sue vene.
Divenne capriolo, divenne pesce, divenne uomo e serpente, nuvola e uccello. In ogni forma, però, era intero, era una coppia, aveva in sé la luna e il sole, l'uomo e la donna, scorreva come fiume gemello in terra, era come una stella doppia in cielo.

La doppia natura di Pictor è una metafora per comprendere la duplice essenza degli scritti teatrali che esamineremo, testi forse insoliti (non ce n'è una marea in giro, ma c'è molta volontà di scriverne altri). Sono testi che hanno una duplice anima: una "teatrale" e una "scientifica".

Giano bifronte
e il Signore del Tempo

Una generazione che ebbe il coraggio di sbarazzarsi di Dio, di infrangere lo Stato e la Chiesa e di rovesciare la società e la moralità, si inchinava ancora innanzi alla Scienza. E nella Scienza, dove dovrebbe regnare la libertà, la parola d'ordine era: "credi nelle autorità o via la testa".

August Strindberg, *Antibarbarus*

Dove si parla di *crediti inesigibili*: quanto deve il teatro del Novecento a *Relatività* e *Quanti*. *Tempo nel teatro, teatro nel tempo.*

Geometrie non euclidee

Mi propongo di parlare di questo tema perché ho visto quanta presa abbia sul pubblico l'argomento: vi sono drammi, corti teatrali (cioè testi di durata compresa fra i dieci e i trenta minuti), film sul quinto postulato di Euclide, che sono ormai diventati di moda.

Torniamo indietro nel tempo. Al III secolo prima di Cristo.

In quegli anni Euclide cercava di dare una sistemazione rigorosa alla geometria. E introduceva i suoi cinque postulati. Eccoli.

Da ogni punto per ogni altro punto è possibile condurre una linea retta.

E uno.

Un segmento di retta può essere indefinitamente prolungato per diritto.

E due.

Da qualunque centro con qualunque raggio si può condurre una circonferenza.

E tre.
E infine il quarto,

Tutti gli angoli retti sono uguali.

Ora sentiamo il quinto:

> Ogni volta che una retta, intersecando altre due rette, forma con esse angoli coniugati interni la cui somma è minore di due retti, queste due rette indefinitamente prolungate finiscono con l'incontrarsi da quella parte in cui gli angoli coniugati interni formano insieme meno di due retti.

Salta subito agli occhi una complessità differente fra i primi quattro postulati e il quinto.

Per questo motivo, fino alle soglie del secolo XIX, il problema che i matematici si sono posti è il seguente: *dimostrare il quinto postulato a partire dai primi quattro*, per ottenere una semplificazione concettuale della geometria e fondare tutto su quattro postulati soltanto. Fra questi tentativi di dimostrazione il più notevole è quello di Padre Saccheri, operante all'inizio del '700, il quale procede mediante la dimostrazione per assurdo: è noto infatti alla logica matematica che da una proposizione falsa si può dedurre qualsiasi proposizione. Spiego meglio: la dimostrazione per assurdo è quel tipo di procedimento logico per cui si nega la tesi, e si mostra come, negandola, si arriva alla negazione dell'ipotesi medesima, in palese contraddizione con l'assunto originario.

Che cosa fa Saccheri? Egli parte dal quadrilatero birettangolo isoscele, cioè un quadrilatero ABCD, dove i lati AC e BD sono uguali e gli angoli in A e in B sono retti, e cerca di dimostrare che l'angolo in C è uguale a quello in D.

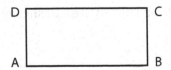

Vi riesce facilmente. Dimostrato che quegli angoli sono uguali, dal punto di vista logico abbiamo tre possibilità: C e D possono essere angoli uguali e retti, oppure angoli uguali e minori di un angolo retto, oppure ancora uguali e maggiori di un angolo retto. Quelle che lui ha chiamato l'*ipotesi dell'angolo retto*, l'*ipotesi dell'angolo ottuso* e l'*ipotesi dell'angolo acuto*. In concreto, ci sarebbero anche triangoli fatti così:

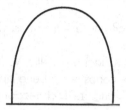
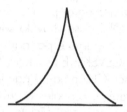

Saccheri ammette che una retta abbia lunghezza infinita, ed elimina l'ipotesi dell'angolo ottuso. Invece l'ipotesi dell'angolo acuto lo affatica a lungo, finché, con cieca fiducia in Euclide, il grande matematico cade in errore e dice che: "l'ipotesi dell'angolo acuto è assolutamente falsa, perché ripugna alla natura della linea retta". Come mostreranno successivamente i critici, il suo sottile errore logico è stato invece quello di estendere all'infinito proprietà valide solo a distanza finita.

Veniamo a uno scienziato russo, Lobacevskij, della prima metà del secolo diciannovesimo. Il primo dubbio gli viene proprio dal fatto che sembra impossibile dimostrare il quinto postulato a partire dagli altri. Ma allora forse quel postulato non dipende dai primi quattro. E poi in natura non ci sono né rette né piani, ci sono soltanto corpi.

Facciamo parlare Lobacevskij in un dialogo immaginario con Euclide.

LOBACEVSKIJ: Sei cocciuto! Secondo te cosa vuol dire la parola "retta"? E che cosa vuol dire "piano"?
EUCLIDE: "Piano" è la superficie liscia di un tavolo, "retta" è quella che tracciamo con il righello.

LOBACEVSKIJ: Così ti semplifichi la vita! Ma il mondo è molto più vario delle tue facili intuizioni. Le tue parole si adattano benissimo a qualcos'altro.

EUCLIDE: E sarebbe?

LOBACEVSKIJ: Una superficie curva, ad esempio, e il cammino più breve fra due suoi punti.

EUCLIDE: Non ti capisco.

LOBACEVSKIJ: Stammi bene a sentire. Quello che tu dici nei primi quattro postulati è una "definizione implicita" dei concetti di retta e di piano.

EUCLIDE: Cosa diavolo sarebbe? Mi fai fare quasi duemila anni di viaggio e poi parli russo...

LOBACEVSKIJ: E tu greco. Ma ora taci e ascolta. Vedrai che capisci. Ci sono delle parole che conosciamo bene (tipo "prolungare", o "uguale" o ancora "condurre"), che legano insieme le parole sconosciute "retta" e "piano".

EUCLIDE: E dunque?

LOBACEVSKIJ: Ci arrivo! Calma! 'Ste parole sconosciute, "retta" e "piano", vengono definite come "qualunque cosa si comporti così".

EUCLIDE: Ma allora...

LOBACEVSKIJ: E non farmi 'sta faccia da funerale... Peccato che sei morto! Dicevo che si comporta così sia, appunto, la retta tracciata col nostro righello, sia una linea curva su una superficie curva.

EUCLIDE: Ma così la parola "retta" non vuol dire una cosa soltanto...

LOBACEVSKIJ: Appunto!

Lobacevskij allora sviluppa la geometria assoluta, cioè quella che riesce a fare a meno del quinto postulato di Euclide. Così facendo, non utilizza teoremi famosi, quali il teorema di Pitagora. E confronta i risultati ottenuti nella geometria piana e in quella sferica: come la retta è, sul piano, il percorso più breve fra due punti, così su una superficie sferica, il percorso più breve fra due punti sarà chiamato *geodetica*.

In sostanza, quello che ripugna alla nostra intuizione è ammettere una *curvatura* dello spazio su cui si opera.

Ma se noi, per esempio, immaginiamo di vivere su di un asteroide, in particolare su B 612, allora le cose cambiano. B 612 è l'asteroide da cui proviene il Piccolo Principe di Saint-Exupéry. Come vedremmo in quell'asteroide la natura intorno a noi? Come sarebbero sull'asteroide i triangoli, i quadrati e gli angoli interni ad essi? Proviamo un po' a pensarci... I lati dei quadrati sarebbero tutt'altro che rettilinei. Non ci verrebbe neppure in mente di attribuire alla parola "retta" il significato che comunemente le diamo. E ancora, sulla superficie dell'asteroide un segmento di retta non si potrebbe affatto prolungare indefinitamente per diritto: finirebbe per tornare al punto di partenza...

Immaginiamo infatti di sentire il dialogo fra l'aviatore e il principe, in una messinscena a due personaggi:

AVIATORE: Se sei buono ti darò pure una corda per legare la pecora durante il giorno.
PRINCIPE: (scandalizzato) Legarla? Che buffa idea!
AVIATORE: Ma se non la leghi andrà in giro e si perderà...
PRINCIPE: (scoppiando a ridere) Ma dove vuoi che vada!
AVIATORE: Dappertutto. Dritto davanti a sé...
PRINCIPE: Non importa, è talmente piccolo da me! Dritto davanti a sé non si può andare molto lontano...
AVIATORE: Così, tu vieni da un pianeta poco più grande di una casa.
PRINCIPE: L'asteroide B 612.
[...]
PRINCIPE: Ma senti, è proprio vero che le pecore mangiano gli arbusti?
AVIATORE: Sì, è vero.
PRINCIPE: Ah, sono contento. [...] Allora mangiano anche i baobab?
AVIATORE: I baobab non sono arbusti, ma alberi grandi come chiese! Anche se porti con te una mandria di elefanti, non vieni a capo di un solo baobab.
PRINCIPE: Una mandria di elefanti! (Ridendo) Bisognerebbe metterli gli uni sugli altri...

...

Lobacevskij fa rientrare la geometria nel campo delle scienze sperimentali. Afferma che "lo spazio in sé, separatamente, per noi non esiste. Talune forze nella natura seguono una geometria, tali altre una loro altra particolare geometria". E sottolinea il fatto che una nuova geometria implica una nuova fisica e una nuova meccanica.

Oltre al piano (superficie a curvatura costante nulla) e alla sfera (superficie a curvatura costante positiva) esistono superfici a curvatura costante negativa (pseudosfere), su cui si applica la geometria non-euclidea.

Su di una superficie sferica il rapporto tra una circonferenza e il suo diametro è minore di 180°: dobbiamo ricordarci che non è il diametro interno alla sfera, ma il diametro "curvo". Ogni circonferenza massima ha un diametro sulla superficie sferica che è uguale a metà della circonferenza stessa. E la somma degli angoli interni di un triangolo sulla superficie sferica è maggiore di 180°.

Tutto quel che abbiamo detto finora ha senso logico su una sfera se e solo se per "retta" si intende "circonferenza massima", e allora un segmento di retta non può più essere prolungato indefinitamente per diritto, perché finisce per tornare al punto di partenza... Quindi la geometria sferica farà a meno di ben due dei cinque postulati di Euclide!

E questo ci porta ancora all'importanza della *semantica*.

E si spiega come, all'interno di una teoria, debbano sempre figurare gli assiomi semantici, che propongono quale significato fisico si debba attribuire ai concetti primitivi. Così si ha un aggancio preciso con la realtà. Altrimenti si rischia, come nel caso delle geometrie euclidea e non euclidea, di passare secoli credendo che una certa parola volesse dire una cosa sola, mentre ne può voler dire almeno tre.

Meccanica quantistica

Diamo ora pochissimi brevi cenni di Meccanica quantistica e delle sue frontiere logiche. Gli scienziati hanno constatato che l'energia non è continua, ma discreta. Hanno anche scoperto che la materia possiede una doppia natura (corpuscolare e ondulatoria) e che le nostre operazioni di misura non possono essere precise oltre certi limiti.

Iniziamo quindi a parlare del *principio di indeterminazione di Heisenberg*. È un principio che si applica alle particelle elementari.

Tale teorema dice che il prodotto dell'errore nella misura dell'impulso di una particella e dell'errore nella misura della sua posizione è maggiore o uguale a una quantità finita, dipendente da una costante, la costante *h* di Planck.

In parole povere, aumentando la precisione della misura dell'impulso di una particella elementare diminuisce quella della sua posizione.

Come mai si nega un certo tipo di conoscenza, cioè l'esatta prevedibilità degli eventi oltre un certo limite? La spiegazione, o il suo tentativo, è questa: non è che sia negata per principio una comprensione totale di certi nessi, ma semplicemente che questi nessi non esistono.

Vale a dire che il concetto di "posizione" non si può applicare all'elettrone, proprio come un essere umano non è dotato di spin.

Quindi la caduta della fisica classica è dovuta all'arbitraria e audace imposizione al microcosmo di leggi fisiche valide soltanto per il macrocosmo.

Inoltre la meccanica quantistica ha un altro aspetto inconsueto, quando dice che la luce, e tutta la materia, hanno una doppia natura: corpuscolare e ondulatoria.

Che cosa significa ciò?

Cominciamo col notare che un certo fenomeno non ci mostra mai contemporaneamente la luce come particella e come onda a causa dell'esclusione reciproca degli apparecchi usati nei due casi. Un'altra spiegazione, dovuta a Pauli, è il divieto dell'uso simultaneo di due concetti classici come posizione e impulso. Oppure, secondo Bohr, questo effetto è la necessità di due descrizioni che sono entrambe necessarie, ma contemporaneamente incompatibili.

Pensiamo a un esempio banale. La mia caldaia fornisce acqua calda sia per il riscaldamento dei caloriferi, sia per l'erogazione dai rubinetti, ma mai tutte e due le cose contemporaneamente: l'erogazione dell'acqua calda stacca automaticamente il riscaldamento per i termosifoni; e in una *pièce* teatrale si potrebbe iniziare a spiegare il dualismo onda-corpuscolo proprio così.

Per Heisenberg le particelle elementari *sono* le equazioni della meccanica quantistica: esse costituiscono cioè delle definizioni implicite. Esattamente come i primi quattro postulati di Euclide definivano implicitamente i concetti di "retta" e di "piano". Secondo Born posizione e velocità non si possono calcolare con precisione perché non sono oggettivi (non sono invarianti osservazionali) come, per esempio, carica, massa e spin. In Meccanica quantistica vi sono delle "soglie temporali" oltre le quali il valore di verità di una proposizione è indeterminato e non si può separare una proposizione dalla sua negazione. Esiste cioè una contraddizione irriducibile.

La "cosa in sé" è inconoscibile, possiamo conoscere solo le sue apparenze. Una stessa cosa, per esempio la luce, può apparirci in forme diverse. Noi tentiamo di catturare la cosa in sé, ma non ci riusciamo mai, *nella nostre trappole non troviamo altro che apparenze*. Possiamo disporre una trappola per particelle, o una trappola per onde, e mentre facciamo scattare la trappola, interagiamo con la cosa, la quale è indotta ad assumere le apparenze di una particella o di un'onda (altro spunto teatrale, con trappole di ogni tipo per capire la sostanza della luce).

...

Dal punto di vista teatrale, nessuno meglio di Pirandello ha esplorato i diversi volti della realtà, analoghi alle due nature (corpuscolare e ondulatoria) della luce.

Abbiamo già visto in *La Signora Morli, uno e due* come la signora Evelina sia Eva per il marito e Lina per l'amante, spensierata per l'uno e contegnosa per l'altro, e nessuna per sé.

> FERRANTE: Non posso soffrire la pedanteria, lo sai! Povera piccola Eva, sei diventata accanto a lui una brava saggia mammina feroce. Ti ricordi? Iviù! E tu mi saltavi al collo! [...] No! Basta! Scusami... Mi pare impossibile che, pur essendo all'aspetto quasi la stessa, tu sia divenuta un'altra, così...

Oppure, in *Così è, se vi pare* si narra un'episodio che ha dell'inverosimile. Vediamo un brevissimo sunto dell'opera teatrale.

Il signor Ponza ha una moglie che si comporta in modo incredibile: comunica con la madre, la signora Frola, solo per mezzo di bigliettini calati dalla finestra con un cestino. Il fatto stimola la curiosità dei vicini.

Così uno per volta i tre personaggi vengono a spiegare ciascuno la propria verità. La signora Frola incolpa il genero: sarebbe lui a proibire alla moglie di avere contatti con lei in maniera diversa. Ponza supplica che non le diano ascolto, perché la suocera è impazzita dopo la morte della figlia che lui cerca di farle credere ancora viva. Rientra in scena la signora Frola a insistere che il matto è lui, che ha mandato la moglie in manicomio con la sua gelosia.

I parenti sono tutti scomparsi; i documenti che potevano dimostrare l'identità dei personaggi, bruciati in un incendio.

L'unica cosa che rimane da fare è quella di chiedere alla signora Ponza quale sia la verità: e lei si presenta col volto coperto dai veli a spiegare che esistono tutt'e due le verità, quella del signor Ponza e quella della signora Frola, e che lei è "nessuno":

> La verità è solo questa: che io sono, sì, la figlia della signora Frola – e la seconda moglie del signor Ponza: sì, e per me nessuna! Nessuna! ... Per me, io sono colei che mi si crede.

In questa commedia Pirandello si diverte da un lato a fare dell'umorismo, è vero, ma dall'altro si commuove sul destino degli uomini, che non sapranno mai, che resteranno soli e ostili con i loro rimpianti, in una meschinità senza scampo.

...

Tornando alla fisica subatomica, un altro aspetto rilevante è il fatto che non è possibile separare il sistema osservato e lo strumento di osservazione. Mentre nella fisica classica l'incontro fra oggetto e strumento di osservazione o non modifica l'oggetto o lo fa in misura calcolabile, nella fisica subatomica ciò che conosciamo è solo il prodotto dell'interazione fra oggetto e strumento di osservazione.

Pensiamo a un altro esempio semplicissimo: io e la mia gatta. Quando siamo sole, lei mi viene in braccio e si fa coccolare e fa le fusa; se c'è qualcun altro, invece, lei cerca solo di scappare e non si lascia accarezzare neanche da me. "La mia gatta in braccio a me" dunque, non è osservabile da nessuno, perché basta la presenza di una persona a modificare il comportamento del piccolo felino. Dunque, il sistema composto da "me più la gatta" è inseparabile dall'osservatore, e conosciamo solo l'interazione fra sistema e strumento di osservazione. Nessuno, entrando nella mia stanza, vedrà mai la gatta comportarsi come quando noi due siamo sole.

E queste novità in ambito fisico modificano la logica.

Due proposizioni sono contraddittorie quando, se l'una è vera, l'altra è falsa (logica classica). Sono complementari quando, se l'una è vera, (o falsa) l'altra è priva di senso (logica quantistica).

Prendiamo, per esempio, la frase: "Io mi pettino" che può essere vera o falsa. Oppure la frase "il libro è rilegato" anche questa vera o falsa. Ma le due frasi "io sono rilegata" oppure "il libro si pettina" non sono né vere né false: sono senza senso.

In sostanza, come la parallela può non essere unica, se non è più la parallela euclidea, così la particella può non essere incompatibile con certi caratteri ondulatori, se la particella non è più quella classica e i caratteri ondulatori non sono più quelli classici. E come la retta ellittica non è più indefinitamente prolungabile, così la particella può non avere più esatta posizione e velocità: questi possono essere concetti "non pertinenti" per le particelle.

Una medesima struttura di pensiero sarebbe quindi alla base dell'uscita dalle difficoltà per la teoria delle particelle elementari e per la geometria non-euclidea.

Ma la causa di tutto ciò non è ancora chiara...

Secondo Quine, la fisica moderna suggerisce di rivedere la bipartizione vero-falso della fisica ordinaria in favore di una tri- o n-partizione. Si pensa che una frase possa avere tre stati di verità: vero, falso o indeterminato.

In questo senso la fisica influenza la logica.

Ma le difficoltà sono appena cominciate: tutto questo fa a pugni col fatto che finora si ha avuto a che fare con teorie scientifiche basate su logica, matematica e fisica bivalenti.

A causa della loro posizione dominante nel pensiero, le leggi logiche sono le più difese contro i cambiamenti dalla forza del conservatorismo. Non che il conservatorismo non abbia un suo valore: è quella qualità che ci impedisce di morire di spavento ogni volta che il sole tramonta.

Se pensiamo alla costruzione che sta sotto matematica, fisica e logica, vediamo che la struttura matematica per la fisica cambia più lentamente della fisica su cui opera, e quella logica cambia ancora più lentamente. Un loro aggiornamento potrebbe però semplificare radicalmente il nostro sistema di conoscenza.

E se il teatro del Novecento deve molto alla teoria della relatività, come si è detto, non è meno debitore alla fisica delle particelle elementari.

Nel dramma *Chi non ha il suo Minotauro?* di Marguerite Yourcenar, un personaggio, infatti, incautamente afferma

AUTOLICO: Ci sono sempre e solo una strada a destra e una strada a sinistra

mentre un altro fa una domanda che è il nucleo della logica quantica:

TESEO: E se invece cercassi una terza possibilità?

Nel saggio *Opera aperta* Umberto Eco osserva che

In un contesto culturale in cui la logica a due valori (l'*aut aut* classico tra vero e falso, tra un dato e il suo contraddittorio) non è più l'unico strumento possibile della conoscenza, ma si fanno strada le logiche a più valori, che fan posto, per esempio, all'indeterminato come esito valido dell'operazione conoscitiva… si presenta una poetica dell'opera d'arte priva dell'esito necessario e prevedibile, in cui la libertà dell'interprete gioca come elemento di quella discontinuità che la fisica contemporanea ha riconosciuto… come aspetto ineliminabile di ogni verifica scientifica e come comportamento verificabile e inconfutabile del mondo subatomico.

Il dualismo onda-corpuscolo ci porta al concetto di "doppio", presente in letteratura, per esempio, in testi come *Il sosia* di Fiodor M. Dostoevskij, in cui il protagonista Goliadkin vive uno sdoppiamento di personalità. Anche qui c'è una contraddizione irriducibile (come nelle fisica dei quanti) e l'eroe appare come il proprio *alter ego.*

Ancora, nel *Dr. Jekyll* di Robert Louis Stevenson, recentemente rivisto per il teatro, il nucleo del racconto è il dualismo dell'animo umano fra il principio del bene e quello del male, che in questa vicenda si manifestano e danno a un solo individuo una doppia personalità. Turbato fin da ragazzo dall'antitesi fra bene e male, il dottor Jekyll riesce a produrre una pozione che può scalzare provvisoriamente quello dei due elementi che domina un carattere. Così, al suo primo esperimento, egli si sente felice, liberato dalla coscienza che gli impediva di esprimere una malvagità naturale, fin'allora imbrigliata. Bevendo una seconda volta la pozione, l'elemento malefico è sconfitto, ed egli ritorna l'uomo di prima. Il dottor Jekyll, durante l'esperimento, diventa piccolo, deforme, ripugnante. Chiamerà Hyde quest'altro se stesso irriconoscibile, che seguirà gli istinti più bassi i quali a loro volta lo spingeranno all'assassinio.

Ma Stevenson svolge la trama in modo che il dottor Jekyll e Mr. Hyde sembrano due persone diverse, e il mistero che li circonda e che riesce incomprensibile a tutti aumenta l'atmosfera orrifica del racconto, sino al finale, quando il maggiordomo e un avvocato forzano la porta del laboratorio, dove cercano invano il cadavere di Jekyll, che pensano ucciso da Hyde.

Il dottor Jekyll e Mr. Hyde (come l'onda e il corpuscolo) ancora una volta hanno una medesima oggettività ontologica, ma due aspetti diversi e incompatibili.

La stessa cosa accade nel *Master di Ballantrae,* romanzo anch'esso scritto da Robert L. Stevenson. I personaggi appartengono a una potente famiglia scozzese, i cui due eredi e protagonisti sono Henry, il secondogenito, e James, primogenito e Signore di Ballantrae, titolo che perderà per la sua condotta da rinnegato.

Il pendolo della vicenda, vero andare e venire di un male oscuro, segna il disfacimento della casata: da una parte il diseredato James, il Signore, spadaccino gelido nella sua malvagità, "uomo nato all'azione" e all'avventura; dall'altra il fratello Henry, che dovrebbe rappresentare l'alternativa della bontà e di una spontanea serena virtù.

Relatività Speciale e Generale

Cosa ci viene in mente quando pensiamo alla teoria della relatività? Che c'è una cosa misteriosa, si parla di spazio-tempo, e non si capisce che rapporto abbia con lo spazio e il tempo di tutti i giorni. Peggio ancora, sembra che ci sia qualcosa che accorcia le distanze e rallenta gli orologi... incredibile!

Ma come ha avuto inizio tutto questo?

Albert Einstein, all'inizio del secolo, sviluppò la sua teoria della relatività a partire dall'esperimento di Michelson e Morley, i quali tentarono di misurare, in due direzioni fra loro perpendicolari, la velocità della terra attraverso l'etere. Ma l'esperimento fu insieme una delusione e uno sbalordimento: non si poteva dimostrare nessun moto relativo della terra attraverso l'etere. Non esisteva nessun sistema di riferimento privilegiato. E la velocità della luce era la stessa in ogni direzione.

Einstein risolse la difficoltà postulando due principi generali:
1) è impossibile rivelare un moto uniforme attraverso l'etere;
2) la velocità della luce nel vuoto è indipendente dalla sorgente, cioè è una costante assoluta.

Cosa vuol dire che la velocità della luce è una costante? Vuol dire che è la stessa in ogni direzione. Ma questo contrasta col buon senso, perché se io sono in una stazione e vedo un treno che passa davanti a me a cinquanta chilometri all'ora, e sul treno c'è una persona che corre nella stessa direzione a dieci chilometri all'ora, per me che sono ferma a terra la persona corre a 50+10, cioè 60 chilometri all'ora. Ovvio.

Ebbene, questo non capita con la luce. Un raggio emesso da una lampadina tenuta in mano dal nostro corridore sul treno va alla stessa velocità sia per il corridore, sia per chi è fermo sul treno, sia per chi è a terra in stazione.

Ma se la velocità della luce è la stessa in ogni sistema inerziale, allora le trasformazioni classiche, quelle di Galileo, che ci permettono di sommare le velocità, vanno cambiate.

È impossibile conciliare le due cose.

Di qui discendono le trasformazioni di Lorentz: se due osservatori sono in moto uniforme uno rispetto all'altro, allora per ognuno dei due osservatori, nell'altro sistema di riferimento i corpi si contraggono di un certo fattore nella direzione del moto, e un intervallo di tempo si allunga dello stesso fattore.

DOMANDA: Ma allora, se io viaggio quasi alla velocità della luce, vivo miliardi di anni terrestri!
RISPOSTA: Certo!
DOMANDA: Ho trovato il segreto dell'eterna giovinezza! L'alta velocità.
RISPOSTA: Attenzione!
DOMANDA: Che vuoi dire?
RISPOSTA: Nel sistema di riferimento della terra, è vero che settantacinque anni di vita a tali velocità occupano miliardi di anni terrestri.
DOMANDA: Appunto. E allora?
RISPOSTA: Ma nel sistema di riferimento di chi viaggia, settantacinque anni restano settantacinque anni.
DOMANDA: Peccato.
RISPOSTA: Per loro, siamo noi ad essere rallentati.
DOMANDA: Allora non posso usare la dilatazione dei tempi per rimandare la vecchiaia?
RISPOSTA: Non puoi farlo rispetto a come senti tu il trascorrere del tempo, ma solo rispetto a come lo sente qualcun altro.

La Relatività Speciale sarà dunque descritta con la presentazione di una particolare configurazione geometrica dello spazio-tempo, configurazione legata ai problemi della simultaneità e della causalità.

Si dice che due eventi che capitano nei punti A e B sono contemporanei se due segnali luminosi, partiti all'accadere dei due eventi da A e da B, arrivano nello stesso istante nel punto medio M di AB. Ma questa definizione è soggetta a critica: perché se i due punti A e B sono, per esempio, su di un treno, i due eventi in A e in B appaiono simultanei a un osservatore che viaggia sul treno, ma non a un altro osservatore che se ne stia fermo in sta-

```
stazione    _____
                    _____*_____+_____*_____
                    _____A_____M_____B_____
treno
```

zione poiché quest'ultimo vede che il treno intanto si è mosso da A verso B, e quindi il segnale luminoso partito da B è arrivato prima di quello partito da A.

Le equazioni che governano il passaggio da un sistema di riferimento a un altro implicano che l'ordine di successione di due eventi possa essere invertito, se il concetto è pronunciato da due osservatori diversi. Non così può dirsi dell'ordine causale: perché una causa segua l'effetto si dovrebbero avere velocità superiori a quelle della luce.

•••

Ma com'è che vengono in mente certe idee geniali?

Come ha fatto Einstein a "inventare" o a "scoprire" la teoria della relatività? Scegliere uno dei due verbi significa essere idealisti o realisti...

Si dice che grazie alla mediazione di una gran dama, in un salotto francese si incontrarono lo scienziato Albert Einstein e il poeta Paul Valery. E venne fatta un'intervista strana e interessante, direi "teatrale".

Pare che Valery fosse molto interessato al processo della creatività e si mettesse a far domande allo scienziato.

VALERY: Com'è che lei lavora? E potrebbe raccontarci qualcosa del suo modo di lavorare?

EINSTEIN: Beh, non so... Esco di buon mattino e faccio una passeggiata.

VALERY: Davvero interessante. E naturalmente lei ha con sé un taccuino. E allorché lei ha un'idea, la scrive sul suo taccuino.

EINSTEIN: No, non faccio questo.

VALERY: Dunque, lei non fa così?

EINSTEIN: Vede, un'idea è veramente rara.

Ecco il nocciolo della questione!

Comunque, torniamo alla teoria della relatività nata, appunto, da un'idea veramente rara.

La Relatività Generale è una teoria del campo gravitazionale. L'oggetto incognito è la struttura geometrica dell'universo, che per Einstein equivale al campo gravitazionale.

•

E come la prima legge del moto di Newton diceva che il moto di un corpo non soggetto a forze era una linea retta, così ora, in termini più generali, il cammino spazio-temporale di un corpo fra due eventi è tale da rendere minima la separazione fra questi. Con la legge della separazione minima, si rispetta un principio non più d'inerzia, ma di "pigrizia" dell'universo, analogo al principio della "minima azione" di Hamilton.

Questa teoria si fonda sul postulato della velocità della luce come limite, anche se non più costante, e demolisce lo spazio e il tempo newtoniani, visti come contenitori provvisti di un'esistenza a sé stante, a vantaggio di spazio e tempo relativi.

Einstein diceva che se tutte le cose fossero fatte sparire dall'universo lo spazio e il tempo sparirebbero anch'essi, mentre per Newton lo spazio assoluto sarebbe ciò che resta se Dio annientasse la materia.

Il tempo in Relatività è quella venatura lungo cui si estendono le catene causali, o curve di genere tempo, mentre le curve del genere spazio riflettono le relazioni di vicinanza (il "trovarsi tra") tra catene causali coesistenti.

Alcuni pensatori, fra cui Reichenbach, hanno addirittura dimostrato come tutte le misure spaziali siano riconducibili a misure temporali, cioè causali.

Apro una parentesi sul concetto di causa, e ricordo che sulla teoria della causalità proprio Hans Reichenbach (Circolo di Vienna, 1958) affermava:

Lanciamo un sasso da A a B. Se con un gessetto facciamo un contrassegno sul sasso quando si trova in A, il sasso presenterà lo stesso contrassegno quando arriverà in B. Se invece facciamo il contrassegno sul sasso soltanto al suo arrivo in B, allora il sasso che lascia il punto A non avrà nessun contrassegno.

Questa distinzione sembra banale, ma è estremamente significativa.

Una teoria della causalità che trascuri questa differenza elementare perde di vista l'aspetto più essenziale.

Il procedimento che abbiamo descritto viene costantemente usato nella vita di ogni giorno per stabilire un ordine temporale, e non disponiamo di nessun altro metodo in molte indagini scientifiche ove gli intervalli di tempo sono troppo brevi per poter essere osservati direttamente. Dobbiamo pertanto includere il principio del contrassegno fra i fondamenti della teoria del tempo.

Apro un'ulteriore parentesi sul concetto di spazio-tempo in letteratura, e osservo che nel romanzo *Le pietre volanti* di Luigi Malerba, il protagonista, tornato in Italia dopo il viaggio in Canada, dice:

> Di ritorno da Vancouver, [...] devo rendere conto di un'altra sorpresa: trovai il giardino come l'avevo lasciato, con gli stessi fiori e le foglie verdi come quando ero partito. Con mia grande sorpresa non erano cadute le foglie, non erano appassiti i fiori, non erano passate le stagioni ma solo quattro giorni. La grande distanza aveva dilatato la mia assenza e mi aveva fatto confondere lo spazio con il tempo.

• • •

La Relatività Generale mostra come, vicino a un certo tipo di singolarità (chiamate di *Kerr-Neumann* dai loro scopritori), vi sono alcune proprietà "patologiche" dello spazio-tempo.

In primo luogo una forza repulsiva, chiamata "antigravità": pare infatti che, abbastanza vicino alla singolarità, il campo gravitazionale non attragga più, ma respinga.

Poi una proprietà più affascinante ancora: la macchina del tempo. Sembra che sufficientemente vicino alla singolarità sia possibile portarsi su traiettorie (non-geodetiche) lungo le quali si viaggia nel passato rispetto a un osservatore lontano. E diciamo osservatore lontano perché si ritiene che non si possa viaggiare nel proprio passato, per evitare paradossi. Il paradosso più semplice è quello di ammazzare il proprio nonno e non poter più essere generati, per cui si produrrebbero due universi paralleli e contraddittori, uno dove l'osservatore ammazza il nonno e non nasce, l'altro dove il nonno vive tranquillamente senza nipoti assassini provenienti dal futuro e genera la propria famiglia... Nonno vivo-nonno morto, nipote vivo-nipote mai nato...

Godel stesso diceva che "Facendo un viaggio con una navicella spaziale lungo una traiettoria circolare sufficientemente ampia, sarebbe possibile viaggiare in qualunque regione del passato, del presente e del futuro e ritornare indietro".

Quelli che abbiamo menzionato sono risultati che possono avere effetti diversi da una parte per gli scienziati, dall'altra per i drammaturghi.

Chi scrive per il teatro non può che essere affascinato da proprietà così distanti da quelle della vita di ogni giorno. Ricordiamo per analogia la serie di film *Ritorno al futuro*. Mentre per uno scienziato questi risultati sono assai spiacevoli. Alcuni studiosi, tra cui Finkelstein, propongono questa soluzione: dato che è a regimi di alta curvatura che lo spazio-tempo si frange, le singolarità indicherebbero il prodursi di una pre-geometria. E al di là, esisterebbe forse una pre-logica, ove tempo e spazio sono confusi, in modo che il tempo sia un po' spazio e lo spazio sia un po' tempo.

Le singolarità sarebbero così la preistoria della scienza.

In quelle oscure regioni, ove il pensiero si congiunge al fatto, c'è forse il passato delle ere umane, il passato delle leggi fisiche attuali.

Ma per capire tutto questo non abbiamo alcun punto d'appoggio archimedeo.

...

Che tutto sia già stato scritto e l'inizio sia uguale alla fine ci riporta alla geometria non-euclidea su una sfera o su un ellissoide, o, come Umberto Eco cita in *Opera aperta* a proposito di Joyce:

Nel *Finnegans Wake* siamo veramente in presenza di un cosmo einsteiniano, incurvato su se stesso – la parola di inizio si salda con quella finale – e quindi finito, ma proprio per questo illimitato. Ogni avvenimento, ogni parola si trovano in una relazione possibile con tutti gli altri ed è dalla scelta semantica effettuata in presenza di un termine che dipende il modo di intendere tutti gli altri.

Rivoluzione copernicana odierna

La rivoluzione copernicana dei nostri giorni
è la scoperta che i vecchi concetti della scienza
sono riferibili solo ad ambiti medi di grandezza.

Le nozioni di "spazio" e di "tempo" si sono dovute trasformare per avvicinarsi al livello astronomico, quelle di "sostanza" e di "legge" sono state cambiate per avvicinarsi al livello atomico. Questo perché il mondo atomico e il mondo astronomico sono molto diversi dal mondo delle medie dimensioni direttamente accessibile ai sensi.

In sintesi quel che dicono relatività e quanti è che lo spazio cosmico ha una struttura non-euclidea, la simultaneità è questione di convenzione e il determinismo solito cessa di valere a livelli infinitesimali.

Come diceva Pirandello, vita (e natura) "non hanno bisogno di parere verosimili, perché sono vere".

Ci si può domandare: forse la scienza mostra come sia il nostro intelletto a imporre le proprie leggi alla natura?

Sì, risponde Popper, ma con variabili possibilità di successo. Già Kant del resto aveva sostenuto un pensiero del genere.

Vediamo anche in Pirandello e in *Sei personaggi in cerca d'autore* che Madama Pace appare creata per virtù poetica. Acquista realtà in virtù di una necessità estetica...

Forse, preparandole meglio la scena, attratta dagli oggetti stessi del suo commercio, chi sa che non venga tra noi...

È un fenomeno che continua a mettere in difficoltà fisici e filosofi, l'osservazione che gli strumenti matematici necessari a molte fra le teorie più rivoluzionarie della fisica erano già stati approfonditi dai matematici per i problemi interni alla matematica, e senza sospettare affatto che un giorno sarebbero stati soggetti ad applicazioni diverse.

• • •

Una teoria è un grappolo di conclusioni in cerca di una premessa. Torniamo a Pirandello e al suo *Sei personaggi in cerca d'autore*: i sei personaggi cercano un'organizzazione, una storia che dia loro senso. In questa splendida opera teatrale Pirandello si è cimentato in un lavoro che sta "al di qua" dei consueti schemi narrativi, vale e dire l'organizzazione che sta prima della stesura su carta, quando chi scrive sistema le idee su un foglio di brutta, immagina, cancella, scrive... procede insomma in modo parallelo a quello di chi fa scienza, avanzando fra... congetture e confutazioni.

Erodoto (V secolo avanti Cristo) diceva: "tutto il possibile avviene purché gli si dia tempo." Oggi Tullio Regge afferma che "tutto quello che è permesso è obbligatorio" in pieno accordo con i dettami della fisica dei quanti.

Cito una bella frase, apparentemente paradossale, ancora di Tullio Regge:

> Una statua di Primo Levi fatta con l'olio d'oliva tibetano raffreddato a meno duecento gradi esiste certamente da qualche parte dell'universo: è un oggetto estremamente improbabile, per cui bisognerà viaggiare qualche miliardo di anni per trovarlo, ma da qualche parte esiste. L'universo è infinito perché deve consentire assolutamente tutto quello che è permesso, perché tutto quello che è permesso è obbligatorio.

Dice un personaggio di Virginia Woolf, la signora Dalloway: "Io sono fatta e rifatta continuamente" e la scrittrice stessa afferma che "Noi siamo zebrati, multicolori." La personale visione della vita della più moderna scrittrice del primo Novecento è quella dell'articolo del '19, oggi famosissimo:

> Esaminiamo per un momento una mente comune in un giorno comune. Essa riceve una miriade di impressioni – banali, fantastiche, evanescenti o scolpite da una punta d'acciaio – che le provengono da tutte le parti. È come una pioggia incessante di atomi... Registriamo gli atomi così come essi cadono sulla mente e nell'ordine in cui cadono, tracciamo il disegno, per quanto sconnesso o incoerente sia all'apparenza, che ogni immagine o incidente incide sulla coscienza.

Davvero stupefacente come questa scrittrice descriva la "mente comune": in realtà Woolf in quest'articolo ha anche descritto il procedimento usuale dello scienziato dei nostri giorni, nonché dell'autore teatrale.

Vorrei ricordare adesso i versi di Leopardi:

Conosciuto il mondo
non cresce, anzi si scema, e assai più vasto
l'etra sonante e l'alma terra e il mare
al fanciullin, che non al saggio, appare

Sono versi tratti dal canto *Ad Angelo Mai, quand'ebbe trovato i libri di Cicerone della Repubblica.*

Analizziamo i versi nel loro significato letterale. Non credo sia vero che la conoscenza scientifica riduca il mondo a formule senz'anima, anzi, chi guarda in alto verso il cielo, per *"noverar le stelle ad una ad una"* le trova senz'altro ancor più belle se, oltre ad ammirarle con lo sguardo, pensa che in Cignus X-1 ci sia forse un buco nero dove lo spazio e il tempo finiscono in un anti-universo parallelo al nostro dove, chissà, si viaggia indietro nel tempo.

Arriviamo, per finire, al vecchio divieto di dividere per zero. A questo proposito, dice il logico Suppes "che anche in matematica ogni cosa non sia proprio la migliore, in questo mondo che pure è il migliore dei mondi possibili, lo ricorda la *vexata quaestio* della divisione per zero". Perché un numero diviso zero tende all'infinito, e l'infinito non è un numero...

E a proposito del concetto di infinito, fin da bambina mi ha sempre affascinata sapere che la somma di un numero infinito di addendi può dare un risultato finito. Immaginiamo un corto teatrale per "teatro ragazzi".

> STUD A: C'hai una fetta di pane a forma di quadrato.
> STUD B: Bene: mangiane la metà, poi la metà della metà, cioè un quarto, poi la metà della metà della metà...
> STUD A: Cioè un ottavo... sono mica scemo!
> STUD B: Poi un sedicesimo, un trentaduesimo, eccetera.
> STUD A: Un sessantaquattresimo...
> STUD B: Alla fine dei tempi avrai mangiato un numero infini-

to di bocconi di pane sempre più piccoli, che sommati insieme fanno però la mia intera fetta di pane.
STUD A: Beh, sei riuscito a stupirmi!

E ci sono diversi tipi di infinito. Il senso comune ci dice che se una cosa è infinita è infinita e basta, ma spesso il senso comune ci inganna.

Cantor, il principe dell'infinito, all'inizio del secolo dimostra che esistono almeno due ordini d'infinito. Dimostra cioè che i numeri naturali (0, 1, 2, 3, 4, ecc.) sono "meno" dei numeri compresi fra zero e uno.
Vale a dire che se formiamo delle coppie, di cui il cavaliere è un numero naturale e la dama un numero compreso fra lo zero e l'uno, allora alla fine restano delle dame senza cavalieri, ma nessun cavaliere è senza la dama. Questo potrebbe essere un altro spunto per un corto teatrale, dove i vari tipi di infinito vengono spiegati in una sala da ballo.

Il tempo in teatro e in poesia

Vorrei ora trattare di alcuni testi teatrali che parlano del concetto di tempo. A questi premetto il testo poetico di T. S. Eliot, che è stato drammatizzato da una quindicina di attori, e ne estraggo il brano che parla, appunto, del tempo. Immaginatelo in teatro, con musiche, video e danze. La parola, come regina di tutti questi elementi multimediali.
Il tempo e la campana han seppellito il giorno...

Il tempo presente e il tempo passato
Son forse presenti entrambi nel tempo futuro,
E il tempo futuro è contenuto nel tempo passato
Se tutto il tempo è eternamente presente
Tutto il tempo è irredimibile.
Ciò che poteva essere e ciò che è stato
Tendono a un solo fine, che è sempre presente.

T.S. Eliot, *Quattro quartetti*

C'è molta scienza condensata in queste righe poetico-evocative. Dall'esistenza nel sottotesto di mondi paralleli, fino al viaggio virtuale nel tempo.

> Al punto fermo del mondo che ruota. Né corporeo né incorporeo;
> Né muove da né verso; al punto fermo, là è la danza,
> Ma né arresto né movimento. E non la chiamate fissità
> Quella dove sono riuniti il passato e il futuro. Né moto da né verso,
> Né ascesa né declino. Tranne che per il punto, il punto fermo,
> Non ci sarebbe la danza, e c'è solo la danza.
> Posso soltanto dire: là siamo stati, ma non so dire dove.
> E non so dire per quanto tempo, perché questo è collocarlo nel tempo.

Il punto fermo e il non muover "da" né "verso" ci parlano di universo finito, ma illimitato nel tempo e nello spazio, il né arresto né movimento ha molto a che vedere con la relatività.

> La curiosità degli uomini indaga il passato e il futuro
> E s'attiene a quella dimensione, ma comprendere
> Il punto d'intersezione del senza tempo
> Col tempo, è un'occupazione da santi...
> Per la maggior parte di noi non c'è che il momento
> A cui non si bada, il momento dentro e fuori del tempo,
> L'attimo di distrazione, perso in un raggio di sole,
> Il timo selvatico non visto, o il lampo d'inverno
> O la cascata, o una musica sentita così intimamente
> Da non sentirla affatto, ma finché essa dura
> Voi stessi siete la musica.
> Qui sono il passato e il futuro,
> Conquistati e riconciliati.

E il punto d'intersezione fra il senza tempo col tempo? Forse una metafora? La poesia spesso tratta di solidi fatti scientifici, con la maschera del lirismo e della bellezza.

• • •

• Nel dramma *Chi non ha il suo Minotauro?* di *Marguerite Yourcenar* c'è un accorato lamento di Arianna, che dice a Dio:

> Tu hai i secoli a disposizione, il tuo tempo si misura a epoche pressoché eterne. Ma Teseo ha, tutt'al più, cinquant'anni davanti a sé.

Nel testo *La grande caccia al sole* di *Peter Shaffer*, si può leggere il bel monologo di Pizarro:

> Ascoltate! Ascoltate! Tutti i nostri sentimenti sono figli del tempo. Tutte le bellezze della vita ne portano l'impronta. Immaginate un tramonto immobile: l'ultima nota di una canzone che risuoni per un'ora intera, o un bacio che duri mezz'ora. Tentate di arrestarvi per un momento nella vita e tutto si decompone subito. Perfino questa parola, "momento", è sbagliata, perché dovrebbe significare una particella di tempo, un frammento staccato da una roccia da scrutare... Ma questo è il terribile imbroglio della vita. Non si può sfuggire ai vermi a meno che si vada di pari passo col tempo e, se anche ci si riesce, essi si contorcono ugualmente dentro di voi.

Eugène Ionesco, nel dramma *Viaggi tra i morti* fa parlare Jean e la madre nell'aldilà:

> JEAN: Perché sei così vecchia? Sei vecchia come la nonna e il nonno. Eppure sei figlia loro.
> MADRE: Ho raggiunto l'età dei miei genitori. Si invecchia anche nell'aldilà. Si arriva fino a cent'anni, poi ci si ferma.

Nella commedia *Aspettando Godot* di Samuel Beckett, il tempo assume una dimensione drammatica, sottolineata da Pozzo:

> Ma la volete finire con le vostre storie di tempo? È grottesco! Quando! Quando! Un giorno, non vi basta, un giorno come tutti gli altri, è diventato muto, un giorno io sono diventato cieco, un giorno diventeremo sordi, un giorno siamo nati, un giorno moriremo, lo stesso giorno, lo stesso istante, non vi basta?

La piccola città di Thornton Wilder è un'opera teatrale singolare, che descrive la cittadina di Grover's Corner e i suoi abitanti, i dati geografici, l'aspetto architettonico, la planimetria, i gesti quotidiani di una piccola comunità americana. La commedia diventa epopea in due punti. Nel primo si parla di una lettera spedita dal pastore a una parrocchiana ammalata:

> Grover's Corner, Contea di Sutton, New Hampshire, Stati Uniti d'America, Continente dell'America Settentrionale, Emisfero Occidentale, Terra, Sistema solare, Universo, Mente di Dio.

Nel secondo punto a Emily, una delle protagoniste del dramma, viene concesso dopo la morte di tornare ancora una volta sulla Terra, a rivivere il suo dodicesimo compleanno. E trova che i vivi non capiscono quello che i morti hanno compreso, i vivi sono soltanto dei ciechi.

> EMILY: Ecco cosa significa essere vivi... Sprecare il tempo, buttarlo via come se gli anni da vivere fossero milioni

E come non ricordare le parole di Shakespeare nel *Macbeth*:

> Domani, poi domani, poi domani: così, da un giorno all'altro, a piccoli passi, ogni domani striscia via fino all'ultima sillaba del tempo prescritto; e tutti i nostri ieri hanno rischiarato, a dei pazzi, la via che conduce alla polvere della morte. Spegniti, spegniti, breve candela!

Sul palcoscenico va di moda la recita drammatizzata della poesia. Le parole acquistano in teatro una forza e un'eco particolari. Vediamo cosa hanno scritto i grandi lirici sul tema del "Tempo"

Omar al Khayyam

> Il Sole ha lanciato sui tetti il laccio dell'Alba
> e rosso sigillo ha gettato il Sovrano del Giorno nella coppa del Cielo.
> Bevi Vino, ché araldo d'Amore sul far dell'Aurora
> un gioioso annuncio ha lanciato nel Tempo: "Bevete!".

• E poi

> Sappi che un tempo verrà che dall'Anima lungi tu andrai,
> e oltre il velame segreto del Nulla per sempre tu andrai.
> Bevi, bevi, ché nulla sai donde tu sei venuto,
> sta' lieto, ché nulla sai dove un giorno tu andrai.

E ancora

> In che modo strano passa questa Carovana della Vita:
> cogli quell'attimo almeno che passa in letizia.
> Coppiere! A che t'addolori del dolor del domani degli altri?
> Porta, presto, la coppa, ché sta per cadere la Notte.

Il nostro Tempo finisce, siamo mortali. Uno dei maggiori lirici delle epoche passate annega nel vino la disperazione di esser vivo e di sapere di dover morire.

Paul Eluard

> Questo sole che geme
> Nel mio passato non varcò la soglia
> Campagna
> Dove sempre rinascono
> Le erbe i fiori delle passeggiate
> Gli occhi tutte le ore
> Paradisi e tempeste ci eravamo promessi
> I nostri volti hanno serbato i sogni.
> Questo sole che regge l'antica gioventù
> Non invecchia – è intollerabile.

Disperazione nel sapere che il sole durerà più di noi...

> Se l'uomo ha da morire prima di avere il suo bene,
> bisogna che i poeti siano i primi a morire.

Il sacrificio per un mondo migliore ci riporta a una felicità che sarà sulla terra dopo la nostra dipartita, e "olocausto" di questo progetto sono per primi i sapienti, quelli che scrivono la Storia.

Novalis

Un giorno che io versavo amare lacrime, che la mia speranza si
dileguava dissolta in dolore,
si dileguò la magnificenza terrestre – tu *estasi della notte* ti
posasti su di me – la contrada si sollevò
Attraverso una nube vidi i tratti trasfigurati dell'amata.
Nei suoi occhi era adagiata l'eternità: afferrai le sue mani e le
lacrime divennero un legame scintillante non lacerabile.
Millenni dileguarono in lontananza come uragani.
Millenni dileguarono in lontananza come uragani.
Al suo collo piansi lacrime d'estasi per la nuova vita.
E solo da allora sentii eterna, inalterabile fede
Nel cielo della notte e nella sua luce, l'amata.

Intersezione di Tempo ed Eternità, o come diceva Eliot, del senza
tempo col tempo: solo i fanciulli, o i poeti, o i grandi scienziati, lo
possono intuire.

Edgar Lee Masters, *Nuovo Spoon River*:
epitaffio di Herbert Nitze

Hai mai pensato alla confusione che regnerebbe
Se tutta la gente nata in un arco di quattromila anni
Fosse ancora sulla terra?
Aristotele a discutere le sue idee, troppo vecchio per cambiare.
I Re a bazzicare al bar, cercando di far fuori vecchi pennies.
Crociati a chiacchierare di epoche passate.
Ponce de Leon alla ricerca della giovinezza
E Roger Bacon a tentare di produrre l'oro.
Per non parlare dei Cro-Magnon,
che parlerebbero d'arte, chiedendo di entrare alle mostre!
E i giovani e quelli di mezz'età
Costretti ad adattare a uomini d'un migliaio d'anni e più,
diete alimentari, idee, sistemi monetari, posti in cui vivere…

Il sarcasmo iniziale si stempera di amara ironia. Un mondo di
sopravvissuti al Tempo sarebbe intollerabile, i linguaggi intradu-
cibili. Età e competenze e livelli diversi di progresso renderebbe-

ro la convivenza assolutamente inaccettabile. Il Tempo e la Morte, cioè la sua conseguenza apparentemente più nefasta, mettono le cose a posto, rendono vivibile il pianeta.

...

Anche se non è nata come opera teatrale, per i risvolti che ha sulla scienza e sulla filosofia della scienza, vorrei parlare del grande romanzo *Alla ricerca del tempo perduto* di Marcel Proust. C'è già comunque stato un tentativo di portarne una parte sul palcoscenico.

Dice Rivière, parlando di Proust: "le sue scoperte nel campo dello spirito e del cuore umani saranno considerate altrettanto capitali quanto quelle di Keplero in astronomia...". Fino a quel momento, i cosiddetti narratori psicologici avevano creduto di avanzare usando il microscopio per comprendere i loro personaggi. Ebbene, Proust ha cambiato loro l'apparecchio nelle mani: è un telescopio che controlla ora il moto di nebulose, ammassi stellari, corpi celesti a distanze sbalorditive nello spazio.

Proust stesso, in un'intervista, disse:

> Voi sapete che c'è una geometria piana e una geometria dello spazio. Ebbene, per me il romanzo non è solo fatto di psicologia piana, ma anche di psicologia nel tempo. [...] Il mio libro potrebbe essere una specie di saggio di una serie di "romanzi dell'inconscio". [...] Ma non sarebbe esatto, perché la mia opera è dominata dalla distinzione fra memoria involontaria e memoria volontaria. [...] Per me la memoria volontaria, che è soprattutto dell'intelligenza e degli occhi, ci offre del passato soltanto facce prive di verità; ma basta che un odore, un sapore ritrovati in circostanze del tutto diverse, ridestino in noi, senza che lo vogliamo, il passato e subito sentiamo quanto tale passato fosse diverso da quello che credevamo di ricordarci e come la nostra memoria volontaria dipingeva, come i cattivi pittori, con colori senza verità...

La *Recherche* ha per protagonista un uomo che rivive la propria vita. Dalla fanciullezza alla gioventù, ai rapporti con la madre e la nonna, all'amore puerile per Gilberte, alle sue prime apparizioni nei salotti nobili. Nel Faubourg gli si svela un'umanità che pare incantevole: una duchessa altezzosa, un medico di fama, pittori, scrittori, figure violente e sfuggenti come il barone di Charlus. Ancora oltre, conosce le *fanciulle in fiore* fra cui Albertine che lo affascina e che lui isola in casa propria per amore del possesso. Scomparsa Albertine e tutti quelli che amava, terminata la guerra, arrivato al limite della vecchiaia, scopre come riscattare la propria esistenza: cioè comprendendone il segreto per mezzo della memoria.

È la memoria che riscatta il tempo perduto, che in tal modo non è più perduto; e la strada per arrivarci è la parola. La *Recherche* è una teoria e uno studio sulla memoria, sul ricordo "vivo": dalla famosa *madeleine* che, inzuppata nel tè, lo riporta subito al paese d'infanzia e ai suoi abitanti, ai tre alberi di Balbec, alla pavimentazione instabile che rimanda a Venezia, al tovagliolo inamidato delle *matinée* dai principi...

La *Recherche* ha uno stretto legame con il tempo. George Painter, il più scrupoloso biografo proustiano, ha rimarcato come l'aggettivo "perduto" (alla ricerca del tempo perduto) abbia un doppio ambito di significato: perduto è il tempo, in quanto ci sta alle spalle, è già passato, ma perduto anche, nel senso più terribile e profondo, perché è stato dissipato, lo si è lasciato passare senza comprendere il fascino, la malia, o, per dirla con Proust, "la felicità incorruttibile che esso contiene".

La *Recherche* è la storia di un uomo immerso nell'elemento che può renderlo soggetto, con la sua parola e le sue passioni.

Quell'elemento è appunto il Tempo.

E sarebbe una bella scommessa riuscire a rendere in linguaggio teatrale tutta quest'opera-fiume, rendere in due-tre ore di spettacolo un libro in più volumi.

Perdere il tempo: la follia

Luigi Pirandello, *Enrico IV*

Un giovane gentiluomo partecipa a una cavalcata in costume nei panni di Enrico IV. Cade da cavallo, batte la testa e impazzisce: crede di essere davvero Enrico IV e si comporta da imperatore. Gli amici gli trasformano la villa in prigione dorata, con tanto di sala del trono e valletti. Dodici anni sono passati in questa finzione finché il protagonista un mattino si risveglia guarito. È solo, ha "perso" nel dramma dodici anni di vita. Matilde, la ragazza che lo accompagnava la sera della cavalcata, è diventata l'amante del rivale, Belcredi, quello che causò la caduta per liberarsi di lui. Enrico IV decide così di continuare a fare il pazzo.

A questo punto comincia il dramma: arrivano da lui Matilde, la figlia Frida, Belcredi e un medico che vuole guarire Enrico IV. Quest'ultimo dà udienza a Matilde e Belcredi in una scena piena di allusioni. La donna in particolare è quella che comprende per prima di esser stata riconosciuta. Il medico pensa di guarire il creduto folle con un facilissimo espediente: metterà di fronte a Enrico IV Matilde e Frida, vestite entrambe come in quella lontana cavalcata in costume. Vuole insomma riportare il "paziente" a quel momento in cui per lui il tempo si è fermato:

> come un orologio che si sia arrestato a una cert'ora, e che si rimetta a seguire il suo tempo, dopo un così lungo arresto.

Il "paziente" però si è già rivelato ai valletti e confessa di essere rinsavito. Ma Frida in costume si è messa al posto di un quadro che raffigura la madre: Enrico entra, lei lo chiama, e quella voce e quella vista gli procurano un terrore folle, gli fanno dubitare di essere mai rinsavito. E quando Belcredi e Matilde lo vogliono portar via con loro, Enrico IV ritiene che solo da Frida gli possa arrivare la salvezza. Il tempo pare essersi fermato con lei... Enrico fa per abbracciare la ragazza, e quando Belcredi cerca di impedirglielo, lui lo trafigge con la spada. Da quel momento, per Enrico IV la follia resta l'unica via di scampo.

> BELCREDI: Al Circolo si pensava di fare qualche grande mascherata per il prossimo carnevale. Proposi questa cavalcata storica: storica, per modo di dire: babelica. Ognuno di noi doveva scegliersi un personaggio da rappresentare, di questo o di quel secolo: re o imperatore, o principe, con la sua dama accanto, regina o imperatrice, a cavallo. Cavalli bardati, s'intende, secondo il costume dell'epoca. E la proposta fu accettata.

Dopo l'antefatto, Enrico IV apostrofa i valletti

ENRICO IV: Dico che siete sciocchi! Dovevate sapervelo fare per voi stessi, l'inganno; non per rappresentarlo davanti a me, davanti a chi viene qua in visita di tanto in tanto; [...] sentendovi vivi, vivi veramente nella storia del mille e cento, qua alla Corte del vostro Imperatore Enrico IV! [...] Otto secoli in giù, in giù, gli uomini del mille e novecento si abbaruffano intanto, s'arrabattano in un'ansia senza requie di sapere come si determineranno i loro casi, di vedere come si stabiliranno i fatti che li tengono in tanta ambascia e in tanta agitazione. Mentre voi, invece, già nella storia! Con me! Per quanto tristi i miei casi, e orrendi i fatti; aspre le lotte, dolorose le vicende: già storia, non cangiano più, non possono più cangiare, capite? Fissati per sempre: che vi ci potete adagiare, ammirando come ogni effetto segua obbediente alla sua causa, con perfetta logica, e ogni avvenimento si svolga preciso e coerente in ogni suo particolare. Il piacere, il piacere della storia, insomma, che è così grande!

Guardare la vita come spettatore di una commedia di cui conosce già il copione.

E allora, dottore, vedete se il caso non è veramente nuovo negli annali della pazzia! – preferii restar pazzo – trovando qua tutto pronto e disposto per questa delizia di nuovo genere: viverla – con la più lucida coscienza – la mia pazzia e vendicarmi così della brutalità di un sasso che m'aveva ammaccato la testa! La solitudine [...] rivestirmela subito, meglio, di tutti i colori e gli splendori di quel lontano giorno di carnevale, e obbligar tutti quelli che si presentavano a me, a seguitarla, perdio, per il mio spasso, ora, quell'antica famosa mascherata che era stata – per voi e non per me – la burla di un giorno! Fare che diventasse per sempre – non più una burla, no; ma una realtà, la realtà di una vera pazzia: qua, tutti mascherati, e la sala del trono, e questi quattro miei consiglieri: segreti, e – s'intende – traditori!

Per sempre: è forse quello il miraggio della felicità per Enrico IV?

Questo, (*si scuote l'abito addosso*) questo che è per me la
caricatura, evidente e volontaria, di quest'altra mascherata,
continua, d'ogni minuto, di cui siamo i pagliacci involontari,
quando senza saperlo ci mascheriamo di ciò che ci par d'essere – l'abito, il loro abito, perdonateli, ancora non lo vedono come la loro stessa persona. Sai? Ci si assuefà facilmente. E si passeggia come niente, così, così, da tragico personaggio – in una sala come questa! – Guardate, dottore! –
[...] lo difendo i diritti sacrosanti della monarchia ereditaria.
– Sono guarito, signori: perché so perfettamente di fare il
pazzo, qua; e lo faccio, quieto! – Il guaio è per voi che la
vivete agitatamente, senza saperla e senza vederla, la vostra
pazzia.
[...]
Ma che vuoi che m'agiti più ciò che avvenne tra noi; la parte
che aveste nelle mie disgrazie con lei, la parte che lui ha
adesso per voi! – La mia vita è questa! Non è la vostra! – La
vostra, in cui siete invecchiati, io non l'ho vissuta!

Tre esempi

Vi presento ora tre testi, come esempi di scrittura teatrale scientifica.

Uno

Il primo esempio è un brano preso da un saggio, che vi propongo
di rendere oggetto di dialogo a due/tre personaggi.

Io invece faccio una cosa diversa, un'operazione particolare,
cara a registi come Ronconi a partire dal saggio *Infinities* o da *Lo
specchio del diavolo* di Ruffolo. Questo grande maestro prende un
saggio e, disponendo di un numero elevato di attori (quaran-
ta/cinquanta), con l'ausilio di scenografie opportune da un lato e
costumi dall'altro, fa declamare il saggio stesso ai ragazzi, ognuno
dei quali non dice più di una o due frasi. Non è la solita tecnica
teatrale dialogica botta-risposta. C'è invece il testo vero e proprio
del saggio, magari tagliato, enunciato dagli attori ognuno con
poche righe.

Partiamo quindi da un saggio di Rudolf Carnap, (appartenente al Circolo di Vienna). Nei *Fondamenti filosofici della Fisica* il nostro autore si occupa del concetto di TEMPO. Ho tagliato il testo, lasciando come al solito inalterate le frasi più importanti. Le ho divise una per ogni attore. Sul palco, vi sono infatti una quindicina di attori: Attore A, Attore B, C, fino alla Q.

ATTORE A: Consideriamo questi due intervalli: la lunghezza di una certa guerra fra il primo e l'ultimo colpo di fucile e la durata di un certo temporale fra il primo tuono e l'ultimo.

ATTORE B: Com'è possibile congiungere queste due durate?

ATTORE C: Non possiamo spostare gli eventi temporali come spostiamo gli oggetti: il tempo non ha "bordi rigidi" che possano essere disposti in modo da formare una linea retta.

ATTORE D: Per parlare di uguaglianza nel tempo, o unità di tempo, abbiamo bisogno di un fenomeno periodico.

ATTORE E: Un orologio è uno strumento che crea un fenomeno periodico.

ATTORE F: Per migliaia di anni gli scienziati hanno basato le loro unità di tempo sulla lunghezza del giorno, cioè sulla rotazione periodica della Terra.

ATTORE G: A questo punto bisogna distinguere un senso stretto e uno largo del termine "periodico".

ATTORE H: In senso lato, è periodica l'uscita di casa del signor Bianchi, nel senso che si ripete più volte, centinaia di volte, nella vita di Bianchi.

ATTORE I: In senso stretto, un fenomeno è periodico se risulta pure che gli intervalli fra le manifestazioni successive di una certa fase sono uguali.

ATTORE L: Il bilanciere di un orologio è periodico in senso stretto.

ATTORE M: Ebbene, quale tipo di periodicità deve essere assunta come base per la misurazione del tempo?

ATTORE N: Non certo un fenomeno così irregolare come le uscite di casa del signor Bianchi.

ATTORE O: Ma neppure del tipo del battito del polso, perché se una persona ha corso o ha la febbre alta il suo polso batte più rapidamente.

ATTORE P: Cerco un fenomeno periodico nel senso più stretto possibile.

• Qui iniziano complicazioni e ragionamenti che si mordon la coda.

ATTORE Q: Ma in questo ragionamento c'è qualcosa di errato: come possiamo sapere se un processo è periodico in senso stretto, se non abbiamo un metodo per fissare l'uguaglianza degli intervalli di tempo?

ATTORE A: Come possiamo sfuggire al circolo vizioso?

ATTORE B: Solo rinunciando completamente alla ricerca della periodicità in senso stretto, visto che non sappiamo ancora come riconoscerla.

ATTORE C: Prima cerchiamo un fenomeno periodico in senso lato (lo può essere in senso stretto, ma non lo sappiamo riconoscere), poi scegliamo, per unità di misura, la lunghezza di un periodo del fenomeno stesso.

ATTORE D: La regola di uguaglianza sarà: due intervalli di tempo sono uguali se hanno lo stesso numero di periodi elementari del fenomeno periodico.

ATTORE E: Vi possono essere delle obiezioni.

ATTORE F: Uno schema di questo tipo può essere basato su qualunque fenomeno periodico in senso lato?

ATTORE G: Può essere basato sulle uscite di casa del signor Bianchi?

ATTORE H: La risposta sorprendente è sì, anche se, in tal modo, le leggi della fisica risultano assai complicate.

ATTORE I: Diventano più semplici, se si scelgono fenomeni diversi.

ATTORE L: La cosa importante è questa: abbiamo acquisito un metodo.

ATTORE M: Immaginiamo di trovarci in un'epoca precedente a qualsiasi conoscenza delle leggi di natura, in un'epoca in cui nessun libro di fisica può dirci se questo o quel fenomeno naturale è uniforme.

ATTORE N: Non abbiamo a disposizione niente per misurare il tempo.

ATTORE O: Che accade basando la scala del tempo sul battito del polso?

ATTORE P: Il risultato è strano, ma non porta a contraddizioni logiche.

Una visione del mondo del genere non rispetta il canone della "semplicità" che abbiamo visto essere importante per la scienza.

ATTORE A: Se confrontiamo il battito del polso con altri fenomeni arriviamo a una descrizione complessa del mondo, anziché ad una semplice.

ATTORE B: Quando stiamo bene, il Sole impiega un certo numero di battiti del polso ad attraversare la volta celeste, ma se abbiamo la febbre, il sole impiega un tempo molto più lungo.

ATTORE C: Questo fatto pare strano, ma non vi è nulla di logicamente contraddittorio nella nostra descrizione dell'universo su questa base.

ATTORE D: Qui non intervengono il "giusto" o l'"errato" perché in entrambi i casi non vi è contraddizione logica.

ATTORE E: È a questo punto che dobbiamo fare una vera scelta: non fra misure giuste o sbagliate, ma una scelta basata sulla semplicità.

ATTORE F: Se scegliamo il pendolo come base per il tempo, le leggi fisiche si semplificano enormemente, rispetto alla scelta del battito del polso.

Due

Vorrei ora presentare la possibilità opposta. Un dialogo "teatrale" fra due fisici che parlano dello SPAZIO. Un esempio di corto teatrale sulla struttura dell'universo, e sui problemi connessi con la teoria della Relatività.

Ho chiamato i miei due scienziati "fisico SFERICO" e "fisico PIANO". Il primo abita su una sfera, il secondo abita sul piano che è la proiezione, o se si vuole l'ombra, della sfera stessa. Stanno dialogando, e ognuno dei due dà torto all'altro.

SFERICO: Il mondo fa parte di una sfera, bello mio.

PIANO: Ma non è vero, è un piano. E ficcatelo bene in testa: i corpi, muovendosi, si accorciano e si allungano.

SFERICO: Guarda quest'oggetto: l'ho battezzato A. Si sposta per terra e va alla posizione B. Lo vedi? Non è cambiato, è sempre lungo uguale.

PIANO: Storie! Guarda invece il mio, di oggetto, che va dalla posizione C alla posizione D e ovviamente, se si sposta, si allunga. Tutto quello che si muove cambia dimensione! Muoversi vuol dire cambiare!

SFERICO: Dici scemenze! E poi guarda! I raggi luminosi seguono le geodetiche sulla mia superficie. Evidente. Quindi siamo in un mondo curvo!

PIANO: Storie! Il mondo è piatto. Piantala di guardare dall'alto in basso!

SFERICO: Il mondo è una sfera! E non c'è niente che si allunghi o si accorci solo perché si muove!

PIANO: Ma guardati attorno! Il mondo è piano! E quindi i corpi, se si muovono, cambiano lunghezza!

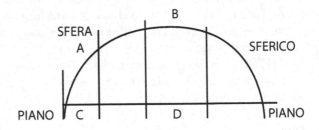

Non vi è modo di decidere quale visione del mondo sia quella giusta

È una semplice convenzione, scegliere il mondo dell'uno o dell'altro fisico. Va benissimo dire che la Relatività Generale parte dai due assiomi: la velocità della luce è una velocità limite, anche se non più costante, e le particelle libere seguono traiettorie geodetiche, mentre per lo spazio-tempo si usa una geometria non-euclidea. Ma si potrebbe altrettanto logicamente conservare la geometria euclidea e introdurre nuove leggi per l'ottica e la meccanica, proponendo che, per esempio, i regoli in quiete in un campo gravitazionale si accorcino. Vale a dire che si può conservare la rigidità dei corpi solo se si adotta la geometria non-euclidea. L'approccio euclideo ha una geometria più semplice, ma leggi fisiche complesse; quello non-euclideo ha una geometria complicata, ma leggi fisiche semplici.

Ed è contraddittorio dire insieme le due cose:
* che l'assetto dello spazio nel campo gravitazionale è non-euclideo, e
* che i regoli in quiete in un campo gravitazionale si contraggono.

Quest'ultimo effetto è causato dalla scelta di una struttura euclidea per lo spazio, effetto inesistente se si opta per una struttura non-euclidea.

In ambito teatrale, i nostri due fisici hanno bisogno di un'inteleiatura scenografica spettacolare.

Per mezzo di ombre e sfere trasparenti questo inizio di dialogo potrebbe diventare uno spettacolo, che termina così.

SFERICO: La luce non viaggia su rette euclidee.

PIANO: E perché mai?

SFERICO: La massa di un corpo incurva lo spazio.

PIANO: Porti sempre acqua al tuo mulino, tu. Ma dimmi un po': e la forza di gravità, eh? Come la mettiamo con la forza di gravità?

SFERICO: Semplice, non esiste. I pianeti si muovono secondo le linee di massima pendenza, nello spazio-tempo generato dalla massa del sole.

PIANO: Per te lo spazio si incurva se c'è una massa? È un'idiozia.

SFERICO: Sta' bravo e senti. La curvatura è tanto più grande quanto più è denso il corpo. E la luce che viene da una stella e passa vicino al sole è spostata verso il sole...

PIANO: Basta! Per te la stella sembra mossa dal suo posto! Eh no!

SFERICO: Capita così perché la massa è equivalente all'energia. Ecco l'equazione di Einstein: $E = m\,c^2$.

PIANO: (*gli fa il verso*) Ecco l'equazione di Einstein. (*Sarcastico*) È arrivato il primo della classe.

SFERICO: Stupido. Allora non ti dico più niente.

PIANO: Ascolta, non va. Se la densità fosse più grande di un valore critico, lo spazio si curverebbe a tal punto...

SFERICO: ... da chiudersi su di sé! Infatti! Tutto resta come in una prigione, e ogni raggio di luce torna su se stesso.

Tutto questo in una messinscena teatrale potrebbe in alternativa avvalersi di mezzi multimediali, come fa il teatro d'avanguardia oggi: video e a volte anche spezzoni di conferenze che si alternano al dialogo degli attori.

Tre

Alla prima delle due scelte possiamo uniformarci con un altro testo, un brano del romanzo *Lo strano caso del cane ucciso a mezzanotte* di Mark Haddon, scrittore di libri per ragazzi. È un testo che parla della vita e delle difficoltà di un bambino affetto da una forma particolare di autismo, e qui il piccolo protagonista parla della sua idea di tempo. Ecco un sunto del brano.

Provate a questo punto voi stessi a dividere le frasi assegnandole ognuno ad un attore diverso, ma attenzione, qui si tratta di prosa, non è un saggio! E non è sempre sufficiente cambiare attore ad ogni punto fermo, a volte è semplicistico, si può invece sottolineare la pregnanza o il peso di una frase assegnando al soggetto e ad ogni complemento attori diversi, facendo ripetere le parole di maggior importanza, (che io ho ripreso) creando degli echi... Provate!

Il tempo non è come lo spazio. (*ripetere*) E quando si appoggia qualcosa da qualche parte (per esempio, un goniometro o un biscotto) nella propria testa si può disegnare una cartina del punto dove si trova, ma anche se non si ha una cartina non importa, perché l'oggetto continuerà ad essere lì.
Una cartina è la rappresentazione di qualcosa che esiste realmente, e quindi sarà possibile ritrovare il goniometro o il biscotto.
Un orario è una cartina del tempo, (*ripetere*) solo che se non si ha un orario il tempo non rimane lì dov'è, come il pianerottolo e il giardino e la strada per andare a scuola.
Perché il tempo è soltanto la relazione col modo in cui cose diverse tra loro cambiano e si trasformano: la terra che gira attorno al sole, (*eco*) e gli atomi che vibrano, e il ticchettio degli orologi, (*eco*) e il giorno, e la notte, (*eco*) e svegliarsi e andare a dormire, ed è come l'ovest o il nord-nord-est, che non esisteranno più, quando la terra cesserà di esistere, e pre-

cipiterà nel sole, perché si tratta semplicemente di una relazione tra il Polo Nord e il Polo Sud, e un altro luogo qualsiasi, Mogadiscio o Canberra.

Non è possibile parlare di una relazione costante come il rapporto fra la nostra casa e la casa della signora accanto, o come il rapporto fra 7 e 865. Ma se parti con un'astronave e viaggi più o meno alla stessa velocità della luce, al rientro potesti scoprire che tutta la tua famiglia è morta e tu sei ancora giovane e ti troverai immerso nel futuro, (*ripetere*) ma il tuo orologio continuerà a dirti che sei stato via solo per pochi giorni o per pochi mesi.

E poiché nulla può viaggiare più velocemente della luce, questo significa che siamo in grado di conoscere soltanto un frammento delle cose che accadono nell'intero universo. (*ripetere*) Il tempo è un mistero. Il tempo è un mistero. È un mistero. (*ripetere più volte*).

Non è tangibile, e nessuno è mai stato in grado di risolvere l'enigma di cosa sia il tempo, esattamente.

Smarrirsi nel tempo è come essere perduti in un deserto... (*ripetere*)

Ed ecco perché mi piacciono gli orari, perché fanno in modo che tu non ti smarrisca nel tempo.

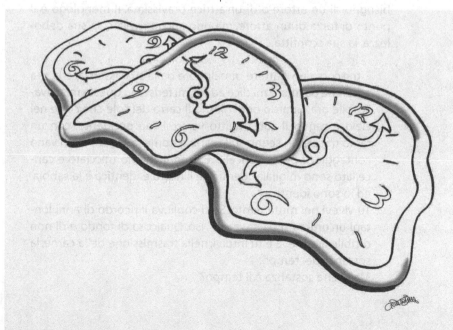

La musica, la fascinazione della lettura, la pregnanza delle parole, tutto questo in teatro rende un racconto o un romanzo indimenticabile. Il palcoscenico è uno strumento eccezionale per vestire le parole a festa.

A proposito del tempo e della sua più crudele conclusione, cioè la Morte, Martin Cruz Smith, nel romanzo *Gorkij Park* narra di una leggenda asiatica sulla vita. Il protagonista pensa a una mitica tribù

[...] presso la quale si nasceva senza piangere e si moriva senza agonia. Dove pensasse di andare, quella mitica gente, dopo morta, lui l'aveva scordato, però.

Questo potrebbe essere l'incipit di un "corto" teatrale sul Tempo, che avesse una parte rigorosa e logica, l'altra fatta appunto di riti e leggende.

...

Concludo riflessioni e citazioni sul Tempo con le parole del romanziere Antonio Tabucchi. Questo è un monologo, riassunto come al solito, che per essere degnamente portato in scena ha bisogno di un attore o di un'attrice bravissima. Il monologo è il punto di forza di un attore, ma può anche rivelarsi la sua debolezza, la sua sconfitta...

È trascorso un battere di palpebre dalla tua assenza, e la tua voce, che dal mare mi dice addio, mi ferisce in questa mia invalicabile ora. Guardo ogni giorno il carro del sole che corre nel cielo e seguo il suo tragitto verso il tuo occidente; con un ramo traccio un segno sulla sabbia, come la misura di un vano conteggio; e poi lo cancello. E i segni che ho tracciato e cancellato sono migliaia, identico è il gesto e identica è la sabbia, ed io sono identica.
Tu vivevi nel mutamento. Se ti coglieva il ricordo di anni lontani un'ombra ti passava sul viso. Qualcosa di fondo e di non dicibile accadeva e tu intuivi, nella trasmissione della carne, la sostanza del tempo.
Ma di che sostanza è il tempo?

Anche il grande Agostino, Padre della Chiesa, si arenava di fronte al concetto di Tempo...

E dove esso si forma, se tutto è stabilito, immutabile, unico? La notte guardo gli spazi fra le stelle, vedo il vuoto senza misura; e ciò che travolge e porta via, è il momento fisso privo di inizio e di fine.

Invidio la tua scomparsa e la desidero: questa è la forma d'amore che sento per te. E sogno un'altra me stessa, vecchia, canuta e cadente; e sogno di sentire le forze che mi vengono meno, di sentirmi ogni giorno più vicina al Grande Circolo nel quale tutto rientra e gira; di disperdere gli atomi che formano questo corpo di donna. E invece resto qui, a fissare il mare che si distende e si ritira, a sentirmi la sua immagine, a soffrire questa stanchezza di essere che mi strugge e non sarà mai appagata... e il vacuo terrore dell'eterno.

Disegno di Eugenio Pacchioli per la locandina di *Il Mulino* di M.R. Menzio

Il ciambellano:
Teatro e Scienza oggi

Non fa scienza
senza lo ritenere, avere inteso

Dante Alighieri, *Paradiso, Canto V*

Dove ci mutiamo in viandanti nello spazio e nel tempo recente alla scoperta di nuove drammaturgie... scientifiche.
Da Firenze a Ivrea a Bologna a Milano...

Questa non vuol essere una lista esaustiva di tutto ciò che si è fatto nel mondo su teatro e scienza, tutt'altro, mancherebbe il testo su Darwin di Giorgio Celli, un paio di testi su Madame Curie e tanti altri... magari il resto in un secondo volume, che dite?

Per ora ci accontentiamo di una carrellata informale.

Fino a pochi anni fa la Messa cattolica era in latino, una lingua morta: la maggioranza dei fedeli non ci capiva nulla, ma si commuoveva. Analogamente l'apertura del sipario su uno spettacolo teatrale è come una cerimonia, che deve dare emozioni importanti. E suscita impressioni vivide e forti anche nel caso si tratti di "teatro e scienza", soprattutto a chi di professione scienziato proprio non è.

Oggi la scienza è una lingua viva, che può esistere sui palcoscenici in virtù di due possibilità opposte di scelta: la via della diffusione o quella del linguaggio esoterico.

In un suo articolo, apparso sul quotidiano *La Stampa* nell'aprile 2002 Raffaella Silipo sosteneva che sono

Sempre più numerose le corrispondenze tra aritmetica e scena. Questa matematica è un vero spettacolo.

E proseguiva dicendo:

La scienza sembra rivelarsi il più conveniente palcoscenico per ospitare un'azione drammatica contemporanea, o almeno così ha concluso Luca Ronconi, portando qualche settimana fa *Infinities* dell'astrofisico inglese John Barrow al Piccolo Teatro. "Tuttavia - spiega Ronconi - perché il linguaggio della scienza possa sviluppare tutto il suo potere eversivo e innovativo, ritengo sia necessario che venga fedelmente trascritto in scena, evitando ogni filtro esplicativo. In altre parole per progettare uno spettacolo *scientifico*, si deve rinunciare alla strategia politicamente corretta della divulgazione e piuttosto puntare sulla natura squisitamente esoterica della raffinatissima scienza specialistica odierna. [...] Sulla divulgazione ha puntato invece *Padre Saccheri* di Maria Rosa Menzio, che il Teatro Settimo (Teatro Stabile d'Innovazione) ha messo in scena giorni fa a Torino. Un dramma storico che intende far conoscere un grande matematico italiano del `700, un gesuita che aprì la strada alle geometrie non euclidee. Un'opera che coinvolgesse il pubblico, una commedia con molti elementi romanzeschi come la ballerina dai capelli rossi, il patto con il diavolo, l'Inquisizione e poi come *deus ex machina* la sua domestica che gli offre lo spunto di ipotizzare una realtà geometrica nuova".

Infinities di John Barrow

Dice il sottotitolo: *Breve guida ai confini dello spazio e del tempo*. Si tratta di un saggio fascinoso, da cui un grande regista come Luca Ronconi ha tratto una messinscena avvincente. Il suo allestimento teatrale si svolge in cinque momenti di sosta in cinque ambienti diversi.

Benvenuti all'albergo infinito! Si tratta dell'albergo di Hilbert, e descrive il paradosso di un albergo con un numero illimitato di stanze in grado di accogliere una serie infinita di ospiti. L'albergo è fatto in modo che ad ogni stanza se ne possa sempre aggiungere una nuova; con vari stratagemmi logici, ogni volta che l'albergo si riempie, si può ospitare sempre un nuovo cliente. Se è tutto pieno, basta spostare il cliente della stanza 1 alla stanza 2, quello della stanza 2 alla stanza 3, quella della 3 alla 4, e così via. In questo modo si libera la stanza numero 1. Ma il direttore dell'albergo in alternativa è anche pronto a ospitare una comitiva infinita di nuovi clienti: basta spostare il cliente della stanza 1 alla stanza 2, quello della stanza 2 alla stanza 4, quella della 3 alla 6, in tal modo liberando tutte le stanze dispari.

Il luogo dove si può vivere in eterno: cosa succederebbe se i giorni della nostra vita non avessero un limite superiore? Saremmo davvero più felici? Pare che ci sia una buona ragione per voler vivere di più, ma ci sono ottime ragioni per non voler vivere per sempre.

In scena c'è uno psicologo del futuro con alcuni pazienti. Hanno la faccia piena di rughe e i capelli lunghissimi e bianchi: sono gli esseri umani che hanno il dono dell'immortalità, i condannati a non morire, i quali non sanno che fare del tempo infinito loro concesso, e vivono giorni pieni di noia, pensando che, per ogni cosa, c'è tempo ancora.

L'universo della replicazione infinita: poiché qualunque cosa con probabilità diversa da zero deve accadere un numero infinito di volte, allora ogni essere umano possiede un numero illimitato di copie identiche a lui. Non solo, ma vi sono nell'universo anche infinite copie della terra, o addirittura, a distanza "adeguatamente" grande, infinite copie dell'universo visibile…

Gli infiniti matematici: l'infinita gerarchia degli infiniti, numerabili e non. L'infinito non è un numero molto grande, non è proprio un numero: è qualitativamente diverso da ogni numero immaginabile. E ci sono diversi tipi di infinito, ognuno di una specie diversa dal precedente: si dimostra fra l'altro quello cui abbiamo già accennato, cioè che i numeri naturali (0, 1, 2, 3, 4, …) sono "meno numerosi" dei numeri compresi fra zero e uno. Come abbiamo già detto, se formiamo delle coppie, mettendo a sinistra una fila di numeri naturali e a destra una fila di numeri compresi fra zero e uno per formare appunto delle coppie che si prendono a braccetto, allora alla fine resteranno da soli unicamente alcuni numeri a destra, mentre a sinistra i numeri naturali avranno tutti un accompagnatore.

Il mondo dei viaggi nel tempo: da un'idea sfruttata per la prima volta da H.G. Wells in *La macchina del tempo*, nel mondo dei viaggi nel tempo ci possono essere anche turisti dal futuro, ma all'interno di *Infinities* la rappresentazione non finisce, se si vuole si può tornare all'albergo di Hilbert e ricominciare tutto da capo, in uno spettacolo che non è diverso dal precedente, si vede cioè l'albergo dalle stanze infinite, la vita infinita, la replicazione infinita, fino a quando si esce dal teatro sbalorditi, con l'idea di aver viaggiato molto nel tempo e nello spazio, fisico-matematico, logico e filosofico.

Padre Saccheri di Maria Rosa Menzio

Dal tema del tempo passiamo a quello dello spazio.

Il testo *Padre Saccheri* è stato pubblicato, anche la storia della sua ideazione è stata pubblicata, sia nell'originale italiano sia nella traduzione inglese, quindi non mi pare il caso di farne un resoconto dettagliato.

Metterò solo una traccia del libro, per chi non lo conosce, dando poi tutti i riferimenti bibliografici necessari.

Ne parlo soprattutto perché, sia pure immodestamente, mi pare un buon esempio di quel capovolgimento di punti di vista che porta a una nuova immagine del mondo.

Il dramma parla di cinque personaggi: il matematico sanremese Girolamo Saccheri, fondatore della geometria non-euclidea; la ballerina Violante; lo Zio di Saccheri, notaio, pure lui affascinato da Violante; quindi Magalì, la domestica di Saccheri, l'unica che cerca di capire l'idea fondante delle geometrie non-euclidee, e diventa poi allieva del matematico, segretamente innamorata di lui. Ultimo personaggio, ma non meno importante, la Figura che cambia ogni volta colore del mantello, e diventa la Figura in Giallo, la Figura in Nero, la Figura in Rosso: l'Inquisitore, il Professore, Il Grande Tentatore... cioè i momenti cruciali della vita di Saccheri.

Saccheri sul letto di morte si confessa: è stato uno spergiuro, un assassino e un fallito. Aveva creato una geometria nuova, ma poi ha stretto un patto col demonio! Innamorato di Violante, e geloso dello Zio, Saccheri aveva deciso di eliminarlo. Lucifero

infatti gli aveva chiesto se c'era qualcosa per cui lui poteva vendere l'anima. Certo, aveva risposto il matematico: la gloria e l'amore, oppure la vendetta. E Lucifero aveva infatti promesso gloria e vendetta. Non l'amore!
Ecco la tentazione: e Saccheri aveva ucciso.

Nel frattempo era sempre stato affettuosamente spronato da Magalì a cercare nuove strade in geometria. Magalì era un vero genio matematico inconsapevole di sé e grazie al suo aiuto lui era arrivato all'idea fondante delle geometrie non-euclidee.

Fra danzatrici che ballano in modo incantato e partite a scacchi col Diavolo, si arriva all'epilogo: un baratto con l'Inquisitore costringe Saccheri a cedere le sue intuizioni in cambio dell'assoluzione, ritrattando la geometria nuova, quando ormai per lui non c'è più né spazio, né tempo.

Variazioni Majorana di Rossotiziano

In questa *pièce* teatrale, la rappresentazione torna indietro come una macchina del tempo, agli avvenimento della vita del grande fisico catanese, sparito misteriosamente fra il 25 e il 26 marzo 1938. Alcuni ritengono che Majorana avesse inscenato fin nei più piccoli particolari la sua scomparsa dal mondo. Per quale motivo? Che cosa voleva, o doveva, evitare? Fino a che punto la sua lucida intelligenza, il suo genio, hanno influenzato la sua dipartita, suicidio o invenzione che sia? È ripercorsa la sua vita intera: il soggiorno in Germania, i contatti con i migliori cervelli della scienza di tutto il mondo, fino all'ultimo periodo a Napoli.

La vicenda si apre con l'arrivo dei due agenti che il regime fascista ha mandato per investigare su quel "caso" che allarma perfino il Duce.

Dice la recensione sul "Manifesto":

> Essi si imbarcano sullo stesso traghetto su cui era salito Majorana nel fatidico viaggio Napoli-Palermo, ricostruiscono la sua biografia, si interrogano sul significato del suo lavoro scientifico e sui suoi possibili sviluppi... Ma quel traghetto è una specie di macchina del tempo dove il presente si avvita sul passato e fa ripartire all'infinito il gioco delle possibilità.

Fibonacci, (la ricerca) di Maria Rosa Menzio

Da spazio e tempo passiamo ai numeri...
A Leonardo Pisano, universalmente noto come FIBONACCI.
Nelle sue opere è raccolto tutto il sapere matematico dell'antichità greca e araba presentato in forma dimostrativa. Nel *Liber Abbaci* del 1202 sono introdotti i numeri arabi, le operazioni, le progressioni, la risoluzione di alcune equazioni, il calcolo dei radicali.

Il nome di Fibonacci, per ironia della sorte, è oggi ricordato perché Eduard Lucas, uno studioso francese di teoria dei numeri del diciannovesimo secolo, chiamò con il suo nome una successione che si presenta in un problema del *Liber Abbaci*.

Supponiamo - aveva scritto Leonardo Pisano - che una coppia di conigli adulti sia allevata in una conigliera. Ammettiamo che i conigli comincino a prolificare all'età di due mesi, generando una coppia maschio-femmina alla fine di ogni mese. Immaginando che nessun coniglio muoia mai, che ogni parto dia sempre vita a un nuovo maschio e una nuova femmina, e ogni femmina cominci sempre ad accoppiarsi a un mese di vita e a due mesi faccia figli, e continuando così, quante coppie di conigli si troveranno nella conigliera in capo a un anno?

Del protagonista, oltre alla storia dei conigli, sapevo che aveva introdotto fra l'altro in Europa le cifre arabe e lo zero, in arabo Zaffiro.
Il titolo (la ricerca) ha per questo due significati: da una parte il lavoro che due ricercatori svolgono, ai nostri giorni, per scrivere un articolo scientifico su Fibonacci; dall'altra parte la ricerca che (ottocento anni prima) Fibonacci stesso fa partendo da Pisa, diretto in Algeria per ritrovare una misteriosa donna che si chiama Zaffira. Fra lo studio dei numeri di Fibonacci e la spiegazione di che cos'è la sezione aurea, sta la figura di quest'affascinante donna araba: la tessitrice dell'arazzo del passato e del futuro. Ella sostiene il matematico in un'avventura nel deserto, e lo aiuta a scoprire le armonie numeriche nascoste nella natura. Ma la sua identità sarà svelata solo alla fine del primo atto, e a causa di equivoci che portano a sviluppi drammatici (dall'ince-

sto alla follia) ella sparirà a fine testo, con un atto di magia, lasciando il nostro alle prese con una nuova cultura da consegnare all'Europa.

Dramma a quattro personaggi, dunque. Fibonacci stesso e Zaffira, che scopriremo essere la madre di lui; poi la ricercatrice algerina e il ragazzo che è il suo assistente, che la desidera ma non vuole impegnarsi con lei in una relazione stabile.

Partiamo dal 1200. Fibonacci dunque se ne va da Pisa giovanissimo per cercare Zaffira, come dice al padre. E noi ancora non sappiamo chi è questa Zaffira. Lui arriva in Algeria, dove lo accolgono voci sinistre, che profetizzano sventura.

Il nostro vive ai margini di una tribù, e ne incontra la donna più importante: la tessitrice sacra, che tesse l'arazzo del passato e del futuro.

Da centinaia di lune – dice lei – la mia famiglia ha poteri magici, e tocca alla figlia maggiore, cioè a me, tessere un arazzo: l'arazzo del passato e del futuro. Ogni filo è una vita umana. Il tessuto che avanza è il tempo che scorre. Ma c'è sempre il futuro in agguato.

Fibonacci s'innamora di lei, e ne è ricambiato. I due vivono insieme una poetica storia d'amore. Lei gli fa conoscere le grotte delle fate. Lui le parla di Pisa, dell'ultima notte, prima di partire…

Era il dieci agosto e di lassù in cielo cadevano le stelle. Davanti a casa il prato era quasi illuminato a giorno. A un metro da terra, c'era un gomitolo di luci. Erano le lucciole. Brillavano in cielo tante stelle quante lucciole danzavano nel prato.

Lei gli parla della sua vita e dei costumi del deserto, in particolare gli parla del padre:

Mio padre […] quando ho compiuto quattro anni mi ha portato un dono. Era come un usignolo, un usignolo che cantava insieme ai cristalli delle rocce. Un prodigio! Lui aveva in mano un sacco, un sacco pieno di suoni dolci come il miele.

Spremeva il sacco per tirarli fuori. Però era strano: il sacco dava tanti suoni, ma non si restringeva mai. Era la zampogna. [...] E quella notte, quando i demoni hanno fatto scoppiare le stelle! Guardavano com'erano fatte dentro. Poi le smontavano davanti agli occhi della gente. Io pensavo ai colori dell'inferno e invece... erano i fuochi d'artificio.

e poi i due insieme scoprono quanto i "numeri di lui" siano presenti in natura, nelle corolle dei fiori e nelle pigne, per esempio.

Ma alla fine del primo atto si scopre che lei è la madre di Fibonacci, e che lui era giunto in Algeria proprio per cercarla, abbandonando poi la ricerca per questo amore ardente. Sconvolto dall'orrore, lui non riesce a capacitarsi della cosa, e lei gli spiega le circostanze che hanno portato alla sua nascita. Conclude sconsolata

Ho imparato una cosa, dalla vita. Che tra i mortali e i loro sogni non c'è altro accordo che l'inganno.

Nel secondo atto i rimorsi e la persecuzione della tribù hanno portato Zaffira alla follia. Lui le chiede più volte di seguirlo in Europa, e nei pochi attimi di lucidità lei rifiuta. Parla di leggi non scritte della tribù: è andata con un uomo bianco, il padre di Leonardo, rifiutando il fidanzato che la famiglia aveva scelto per lei. Ed è stata la prima colpa. Poi l'orrore, essere andata prima col padre e poi col suo proprio figlio. Inoltre la tessitrice consacrata deve stare lì, nel deserto. A questo punto Leonardo viene catturato, e lei lo aiuta a fuggire.

Ma il rimorso ha scavato dentro di lei delle ombre pesanti: e come veggente, prima di essere imprigionata col figlio, fa uso di antichi segreti di magia. Gli dice

Se lo voglio con tutta me stessa, oggi il tempo può tornare su di sé. Tutto ciò che è stato diventa un sogno, come non fosse mai accaduto. Oggi, sull'altare dei sacrifici, c'è un nodo nella freccia del tempo, e in un istante possono passare secoli... Oggi a mezzanotte un secondo s'ingrandisce, dura dieci anni. L'altare dei sacrifici! C'è un senso segreto, nelle parole. E quando accetti, la proposta del destino si avvera.

Così, nella notte magica Zaffira sta alla luna senza veli e scompare, facendosi sempre più piccola, come se non fosse mai esistita: l'ultima magia della tessitrice sacra.

Questa la storia del passato. Ma intrecciata ad essa c'è la storia del presente, per certi aspetti parallela all'altra. I due ricercatori universitari (lei di quindici anni più vecchia di lui, esattamente la differenza d'età che c'era tra Fibonacci e Zaffira) devono scrivere un articolo scientifico su Leonardo Pisano. Parlano dei conigli, dell'albero genealogico delle api (e spiegheremo in seguito a che concetti matematici si riferiscono) e arrivano alla sezione aurea. Si capisce che fra i due è in corso una storia problematica, dovuta sia all'età di lei sia soprattutto a incolmabili differenze di etnia. E mentre lui critica il comportamento della tribù del deserto, miope e tradizionalista, in fondo all'anima è un razzista, e lei si allontanerà per sempre da lui accettando un incarico in Algeria.

Perché scegliere Fibonacci? Ancora una volta, sia per l'importanza del suo contributo alla scienza e alla conoscenza in genere, sia perché la sua storia ufficiale presentava grosse lacune. Bisognava documentarsi sulla sua vicenda, la sua vita, i suoi scritti, la fortuna matematica.

E questa fortuna, com'è ampiamente spiegato nel testo, è legata alla successione dei conigli: dopo un mese nella conigliera abbiamo la prima coppia di partenza, dopo due mesi sempre una, (si sono già accoppiati ma non ancora riprodotti) dopo tre mesi la coppia di figli è nata, quindi per ora abbiamo i numeri 1, 1, 2, al quarto mese i primi cuccioli sono ancora senza prole, ma i genitori ne hanno già fatti altri due, quindi abbiamo 1, 1, 2, 3, al quinto mese i primi cuccioli hanno già figli ma anche i loro genitori si sono dati da fare, quindi si ha 1, 1, 2, 3, 5, etc. Ma non è tanto facile che succeda così! Nessuno muore mai, e tutto è regolare. Femmine e maschi in numero uguale...

C'è però un modo naturale per arrivare alla successione di Fibonacci senza idealizzazioni. Occuparsi di api e del loro albero genealogico. Sappiamo che i fuchi sono api con un genitore soltanto, dato che nascono dalle uova non fecondate delle api regine. Mentre da quelle fecondate nascono le operaie e le regine. Dalle uova fecondate, appunto, dai fuchi. Quindi i fuchi hanno solo una madre e non un padre, mentre tutte le altre api hanno sia la madre sia il padre. Allora prendiamo un maschio e risaliamo indietro per vederne gli antenati. Solo la madre. Quindi alla prima generazione, cioè il fuco stesso, si avrà 1, alla seconda generazione ancora 1, cioè la madre del fuco. Poi andando indietro due, cioè i due genitori dell'ape femmina, poi tre, cioè i due nonni materni della madre femmina e l'unica nonna paterna del padre maschio. Poi 5, poi 8, poi 13...

Ed ecco lì davanti a noi proprio tutti i numeri di Fibonacci: 1, 1, 2, 3, 5, 8, 13, 21, 34, 55, 89, 144... Dove ogni numero della successione è la somma dei due che lo precedono.

I due ricercatori scoprono che i numeri di Fibonacci si ritrovano in natura nei più svariati ambiti di studio. Botanica e zoologia, musica, architettura, pittura, poesia... Che cosa nascondono natura e pensiero con questa successione ingannevolmente semplice?

Pensiamo alla distribuzione a spirale dei semi sulla superficie dei girasoli. Ci sono due insiemi di spirali, una avvolta in senso orario e l'altra in senso antiorario, e i numeri delle spirali dei due tipi non sono uguali: sono due numeri consecutivi della successione di Fibonacci. I girasoli di medie dimensioni hanno di solito 34 e 55 spirali, ma certi esemplari giganti arrivano fino a 89 e 144. E vicino a New York è stato studiato un girasole con 144 e 233 spirali!

Se dividiamo un numero di Fibonacci con quello immediatamente precedente, questo rapporto, col crescere dei numeri di Fibonacci, diventa sempre più vicino alla sezione aurea. E questa benedetta sezione aurea è anche lei presente in natura quando meno ce l'aspettiamo, e insieme è presente in vari ambiti del sapere umanistico. La sezione aurea l'avevano già usata i Greci nel Partenone. Ma anche al giorno d'oggi viene usata, per esempio è presente nei progetti di Le Corbusier. E nei grattacieli di New York. E tempo fa, nei lavori di Leonardo e di Michelangelo. Nei versi di Virgilio. Addirittura, Mozart divideva le sonate, quasi tutte, nel punto della sezione aurea. Pure la quinta sinfonia di Beethoven cambia registro, proprio nel punto della sezione aurea!

La rivoluzione dell'anima di Anna Curir

La rivoluzione dell'anima è un testo teatrale insolito, in cui si paragona la vita di due coniugi (e le energie spese nell'arco di vent'anni insieme) alla fusione stellare e alla compenetrazione di due galassie. Nel testo si confrontano psicologia e astronomia, Bion e i buchi neri, il rapporto contenitore-contenuto nel rapporto madre-figlio e l'evoluzione dei sistemi stellari, il tema realtà–menzogna nella vita di una coppia e la trasformazione delle nebulose. Si analizza l'unione di due realtà che nel fondersi ne creano una terza.

Meccanismo perfetto - dice la critica - presente in molti aspetti della natura, di rado raggiunto dagli esseri umani nel rapporto d'amore. Quando due galassie si uniscono danno origine a una terza galassia: un processo unico, puro, senza ombre di sbavature. E soprattutto irreversibile.

Invece nella vita di coppia la reversibilità esiste. I sentimenti mutano, si torna indietro e si finisce a volte lontani dall'innocenza iniziale. Il sottotitolo comparso su un quotidiano era infatti "l'amore perfetto è una galassia".

Eccone alcune citazioni:

SUPER-IO: La creazione è tollerare il dolore. La fuga dal dolore genera pensieri falsi, bugie
SCIENZIATA: Quando due galassie si avvicinano si eccitano e si riscaldano, nuove stelle si formano in fretta dalle loro nubi di gas. Così le forze mareali deformano i sistemi, dispiegano bracci di stelle e gas, gettano ponti di materia. Ricordano i nostri incontri umani: l'eccitazione e poi la simbiosi. La simbiosi umana però è reversibile: mi guardo intorno, abbraccio un altro, dimentico la mia storia precedente. Nego l'esistenza dell'altro a cui ero abbracciata.
Questo per le galassie non è possibile. Si dissipa tanta di quella energia che il sistema rimane legato in modo ir-re-ver-si-bi-le. Anzi, le due galassie non esistono più, si sono trasformate in un altro oggetto, in una terza galassia. Nei manuali avrà un nome diverso dai progenitori.
SUPER-IO: Ricorda ciò che diceva l'ipnotista Mesmer: Allo stesso modo che il sole e la luna inducono le maree, si produce un effetto analogo nei corpi umani. La forza attrattiva di queste sfere penetra intimamente in tutte le nostre parti costitu-

tive, solide e fluide e agisce immediatamente sui nervi, in modo che esiste nel nostro corpo un vero e proprio magnetismo. Questa proprietà dei corpi che li rende sensibili all'attrazione universale, è il magnetismo animale.

SCIENZIATA: Io infatti pensavo che le energie messe in comune nell'arco di vent'anni, dissipate insieme (pensa alle fatiche di quando i bambini erano piccoli), i legami culturali, le relazioni comuni, le esperienze bruciate e consumate insieme rappresentassero un attrito dinamico comune, ci legassero in modo irreversibile.

L'uscire da questo abbraccio è contro le leggi di natura, contro la freccia del tempo. Uscire da questo abbraccio: fare piazza pulita dei ricordi, degli oggetti che mi parlano dei ricordi, dei luoghi che mi parlano dei ricordi, dei ricordi dei nostri bambini da piccoli, quando ci costavano fatica ed energia. Tutta questa fatica ed energia che ha scavato rughe, appannato occhi, ingrigito capelli. Segni, cicatrici comuni che io amo proprio perché rappresentano la storia del nostro incontro, la nostra orbita di collisione.

Il versante psicanalitico del testo è collegato all'articolo di Anna Curir del numero di ottobre 2005 del *Giornale Storico di Psicologia e Letteratura*. Questo numero in particolare si occupa di "contaminazioni" tra psicologia del profondo, epistemologia, cinema e teologia.

L'enigma del solitario di Jostein Gaarder

Un romanzo che sarà presto trasformato in *pièce* teatrale.

L'idea fondante del soggetto è un mazzo di carte che prende vita. In mano a un uomo straordinario che possiede un'immaginazione fantasmagorica e vive in una solitudine assoluta, le cinquantadue carte diventano cinquantadue persone. Uno spunto del genere l'abbiamo già visto in Pirandello, *Sei personaggi in carca d'autore* quando Madama Pace arriva in scena evocata da una necessità "estetica", ma qui l'idea è portata alle sue estreme conseguenze, e a tutte le sue implicazioni numerico-matematiche.

"Cinquantadue carte fanno cinquantadue settimane. Il tutto fa trecentosessantaquattro giorni. Fin qui tutto bene. E poi i mesi diventano tredici, di ventotto giorni ciascuno... E anche qui arriviamo a trecentosessantaquattro. Tutte e due le volte, però, avanza un giorno..."

"Che sarebbe il giorno del Jolly"

Dopo un lungo silenzio, con voce debole

"E tu quando sei nato, Hans Thomas?"

"Il 29 febbraio 1972. Ma in quale giorno cadeva?"

"Nel giorno «in più» di un anno bisestile; secondo il calendario dell'isola incantata, sarebbe stato il Giorno del Jolly"

"Ogni settimana ha la sua carta, ogni mese pure, e ad ogni stagione corrisponde uno dei quattro semi. [...] E c'è dell'altro... [...] La somma dei simboli di ogni seme è novantuno. L'asso vale uno, il re tredici, la donna dodici, e così via. Diavolo, sì, fa proprio novantuno."

"Novantuno? Non ti seguo proprio."

"Quanto fa novantuno per quattro?"

"Nove per quattro trentasei. Diavolo: trecentosessantaquattro!"

"Esattamente!"

"Credi che i mazzi di carte siano stati composti intenzionalmente in questo modo? Che il numero dei simboli di un mazzo corrisponda quindi di proposito ai giorni dell'anno?"

La risposta è lasciata a chi legge.

Zio Petros e la congettura di Goldbach di Apostolos Doxiadis

Dal romanzo omonimo di Doxiadis il Teatro Stabile d'Innovazione di Firenze ha tratto una *pièce* godibilissima.

Vi si parla della Congettura di Goldbach, che, dopo la soluzione dell'ultimo Teorema di Fermat, è ora il nuovo sacro Graal dei matematici. Ha scritto Oliver Sacks che il libro è "una congettura matematica irrisolta, un genio matematico diventato pazzo nel tentativo di risolverla, una complicata relazione con un nipote appassionato di matematica, un'acuta osservazione dell'animo umano".

Ho conosciuto personalmente il Professor Doxiadis, che mi ha parlato del motivo che lo ha spinto a scrivere sull'argomento, ma soprattutto del motivo che lo aveva spinto a diventare, tanti anni fa, un matematico. Da ragazzino non era attratto dalle materie scientifiche, anzi in matematica era un disastro, tanto che era stato rimandato. E suo padre gli aveva imposto di rinunciare alle vacanze per prendere lezioni di matematica. Gli si erano rizzati i capelli in testa: un professore di matematica, anche d'estate! Lui era un appassionato di musica e di poesia, gli piacevano i Beatles, amava Walt Whitman, mentre non poteva soffrire gli scienziati, che ai suoi occhi erano tutti noiosi impettiti e privi di fantasia. In fondo, anche i suoi amici erano come lui: tutti conoscevano Omero e Dante e Shakespeare, e nessun aveva mai sentito nominare Riemann o Lobacevskij oppure Pauli.

Poi aveva conosciuto il suo insegnante estivo: stranamente aveva anche lui i capelli lunghi e un modo di fare pieno d'ironia che gli era piaciuto subito e l'aveva messo immediatamente a proprio agio. La prima lezione non era stata la barba solenne che si era aspettato, ma un'interessantissima osservazione sul concetto di massa, che aveva origine dalle equazioni di Einstein: niente di meno che la teoria della relatività! E subito lo aveva affascinato l'equazione della massa in movimento, che rispetto alla massa a riposo è tanto più grande quanto più si va veloci, fino ad arrivare, per velocità prossime a quella della luce, a tendere all'infinito! Sbalorditivo: una massa che tende all'infinito! Una cosa che se va veloce veloce riesce a essere più pesante di ogni qualsiasi altra cosa! Roba da lasciare senza fiato! Ecco allora perché la gente si laureava in matematica o fisica! Ecco l'immaginazione e l'emozione! Quell'argomento gli era piaciuto così tanto che tutti i suoi pregiudizi sulla matematica erano stati messi da parte: a fine estate, entusiasta e preparato, aveva deciso di iscriversi proprio a quella facoltà!

Poi è arrivato l'amore matematica-cinema, quello matematica-romanzo, e Doxiadis ha scritto il libro sulla congettura di Goldbach. Cioè sulla tesi, finora mai provata, che *ogni numero pari maggiore di due può esser scritto come la somma di due numeri primi*. La congettura era stata formulata la prima volta nel 1742 dal matematico Christian Goldbach, tutore del figlio dello zar.

Fu un'intuizione, null'altro, perché anche se tutti i numeri sottoposti a verifica convalidarono l'ipotesi, questa non poté mai essere dimostrata in modo generale, un modo che esaurisse tutti i casi possibili. Finché, e qui entriamo nel vivo della *pièce*, zio Petros, matematico di professione, amante delle sfide iperboliche, non si mette in testa di dimostrare che Goldbach aveva ragione. I parenti lo disprezzano per questa sfida, per cui ha messo in gioco tutto: la sua credibilità, la professione, l'onore, perfino la vita con una donna. Soltanto il nipote dello zio Petros, anch'egli appassionato di matematica, capirà i motivi profondi della scelta dello zio, uomo silenzioso, burbero, sommerso dai pensieri e dalle formule... un uomo che ha giocato tutto su una carta sola, per di più poco redditizia, che non serve ai belligeranti (siamo allo scoppio della seconda guerra mondiale). Un uomo che è messo in crisi, in profondissima crisi, dall'apparire all'orizzonte di un altro genio matematico: Kurt Gödel. Proprio lui.

Gödel, che ha messo in difficoltà i fondamenti stessi della matematica, con la sua strabiliante scoperta: ci sono verità matematiche che non si possono dimostrare, cioè l'ambito del vero è più grande di quello del dimostrabile! Vale a dire che la congettura poteva essere ben vera, ma non si poteva sapere a priori se esisteva una dimostrazione! Petros non poteva avere idea se gli sforzi di tutta la sua vita sarebbero approdati a una soluzione! Il sacro Graal dei matematici poteva essere una chimera! Non c'era modo di saperlo... il suo sogno era vanificato... E così zio Petros aveva abbandonato lo studio della matematica...

Finché arriva il nipote e gli dà nuove energie, lo convince a riprovare. In fondo nessun grande matematico sapeva, all'inizio, se sarebbe arrivato alla soluzione! E la soluzione arriva, o forse no, forse è solo il delirio di un pazzo che sogna ogni notte i Numeri Pari che inseriscono alte mura fra lui e la soluzione della congettura, un pazzo che sogna il numero 13 come un folletto agile e veloce come il fulmine, e il 333 come un grosso sciattone che toglie il pane di bocca ai fratellini 222 e 111. Poi sogna il numero 2 elevato a 100 come due belle ragazze gemelle con le lentiggini e le iridi scure, che lo guardano con l'angoscia della disperazione come dicendogli: "Vieni! Per favore, liberaci!".

La soluzione quindi arriva, ma lui sta morendo e al nipote prediletto non può dire altro se non che l'ha trovata. Sorprendente epilogo, sulla scia del grande *Teorema del pappagallo* in cui la soluzione dell'ultimo teorema di Fermat viene spiegata in Amazzonia da un pappagallo parlante a un consesso attentissimo di uccelli tropicali...

Per concludere, un libro e una *pièce* mitica sui matematici e sui loro sogni, sull'emozione che lega matematica e letteratura.

Proof di David Auburn

Il titolo di quest'opera è volutamente ambiguo, poiché parla sia della dimostrazione di un'importante ipotesi matematica sia della sua attribuzione: la prova, appunto. I temi dell'amor filiale e dell'amor sentimentale si intrecciano con quelli della genialità matematica, dell'instabilità mentale e della loro possibile ereditarietà.

Quattro personaggi in scena. Catherine, una giovane matematica venticinquenne, che negli ultimi anni ha trascurato se stessa per dedicarsi a Robert, il padre malato, accademico brillante, ma psichicamente labile, da molti ritenuto un genio della matematica. Poi c'è Claire, sorella maggiore di Catherine, e il suo corteggiatore Hal, anche lui matematico di talento, allievo di Robert.

La *pièce* inizia con un colpo di scena: la morte di Robert a causa di un attacco cardiaco. Hal mette in ordine le carte dell'insegnante e scopre un quaderno in cui è indicata la soluzione di un importante teorema della teoria dei numeri. Catherine sostiene essere opera sua, mentre gli altri due pensano sia da attribuirsi al padre. Claire e Hal ritengono infatti che la dimostrazione sia opera di un genio e non si possa attribuire alla ragazza. Inoltre Claire teme che Catherine, oltre ad avere ereditato i gusti matematici del padre, ne abbia ricevuto anche i germi dello squilibrio mentale. Ritiene, infatti, che le due cose possano essere collegate. Ma allora chi è il vero autore della dimostrazione?

Vari colpi di scena (per gli amanti del teatro) e una struttura logica essenziale e precisa (questo per i matematici) spiegano il successo di quest'opera. I dialoghi sono spumeggianti, i personaggi divertenti.

Catherine, seppur depressa e intrattabile, risulta simpatica, facciamo il tifo per lei, vogliamo che guarisca. Le battute sono impeccabili, si pensi ad esempio alla canzone che si chiama *i* (che consiste nel non suonar nulla per tre minuti) e altre ancora, tutte facezie che piacciono molto ai matematici.

Meno convincente è la connessione tra genio matematico e malattia mentale, anche se è oggi molto di moda e ha determinato il successo di non poche opere cinematografiche in cui si trattava di matematica. (Si pensi al film *A beautiful mind* tratto dal libro di Sylvia Nasar)

La realtà dei matematici è però quasi sempre molto diversa, per fortuna sia del pubblico sia dei matematici stessi.

Galois di Luca Viganò

Galois tratta ancora una volta del più romantico dei matematici.

È noto che morì a meno di vent'anni per le ferite provocate da un duello, che la sfida a duello fu a causa di una donna e che in quella sua breve vita egli riuscì a gettare le basi per l'algebra moderna.

Incompreso dai contemporanei, una serie di equivoci e perdite di manoscritti destinati ai matematici affermati del tempo ne fanno un eroe leggendario, paradossalmente vincente anche quando perde tutto.

Un uomo, come scrive l'autore del dramma, che a vent'anni aveva già vissuto tre vite: quella del matematico, quella del rivoluzionario e quella dell'innamorato. Fallito e respinto dalla matematica, dalla politica e dal primo amore, non poteva che morire.

Una storia di manoscritti smarriti e di incomprensioni, come abbiamo detto. Troppo avanti sui tempi, troppo conciso, serrato nei ragionamenti.

POISSON: Non mi piacete, voi.
GALOIS: La matematica non è una questione di piacere.
POISSON: Vero, vero. Ma non è questo il punto.
GALOIS: Qual è allora? Avete trovato qualche errore?
POISSON: Di grammatica, molti. [...] Povertà di linguaggio.
GALOIS: Che importa il linguaggio? Quello si corregge. È la matematica che conta. I miei risultati. Quelli contano. Le condizioni di risolubilità per radicali delle equazioni algebriche.

POISSON: I "vostri" risultati! [...] Sono copiati! Avete copiato i risultati di Abel!

GALOIS: Abel è morto!

POISSON: E voi lo avete copiato. [...] Dovreste vergognarvi!

GALOIS: Vergognatevi voi! Voi!

POISSON: Noi? Io?

GALOIS: Lo avete ucciso anche voi! Non l'avete capito! Non capite neanche che è possibile che due matematici, dico due "matematici", cosa che voi, cittadino Poisson, forse un tempo eravate... due matematici possono arrivare contemporaneamente a risultati simili. [...] Il fatto è che voi avete paura della nostra, della mia, di "questa" matematica. Non la capite e ne avete paura. [...] I quarti d'ora suonano, a uno, a due, a tre, e dopo un'ora saranno passati 60 minuti, e dopo un'altra 60 ancora. Ho riassunto i miei nuovi risultati in un paio di fogli che avrete già trovato insieme a queste righe. Abbiate la bontà di leggerli, se ne avete il tempo... [...] Io, di tempo, non ne ho. Mi sfugge, mi sfugge da tutte le parti, il tempo.

Bocciato all'esame d'ammissione dell'*Ecole Polytecnique* dal prof. Poisson che

non capisce la nuova matematica e ne ha paura

Galois diventa arrogante, impaziente, e la fiducia nella propria ragione lo rende ineducato.

LEBAS: Evariste Galois! Anche concesse tutte le attenuanti. La gioventù, il vino, la matematica. Questa corte vi condanna a 99 anni di reclusione, al taglio della testa, e dei capelli, e a recitare in eterno all'inferno... la tabellina del 9!

GALOIS: Evariste Galois. Detenuto numero 15348 del carcere di Saint-Pélagie. Vincent! 15348! 15.348. 15 per 348? 5220! 348 diviso 15? 23,2! 1 più 5 più 3 più 4 più 8? 21! 2+1?

VINCENT: 3!

GALOIS: 3 per 3?

VINCENT: 9!

GALOIS: 9 mesi di detenzione! [...]

Troviamo a volte delle battute ironiche, come c'è ironia e riso in giovani di vent'anni. Che amano la matematica e la Francia.

GALOIS: Nel corso discuteremo nuove teorie che non sono mai state pubblicate né insegnate prima di oggi. Una nuova teoria dei numeri immaginari, la teoria delle equazioni risolubili per radicali, la teoria dei numeri, le funzioni ellittiche trattate in termini d'algebra pura.

AUGUSTE: Evariste! Non dimenticare che io non ho studiato quanto te o Vincent!

GALOIS: Meglio! La tua mente è più pura, dunque più ricettiva. È terreno fertile, capisci? È proprio questo il punto.

AUGUSTE: Ma il tuo programma...

GALOIS: È semplicissimo. La matematica è semplice. È l'anima delle cose. Imparare a memoria e ripetere passivamente, questo lo vogliono al Polytechnique. Le intuizioni, Auguste, le intuizioni! Imparare a memoria va bene per il francese o il latino. Il vero spirito della matematica sono le intuizioni! [...] Diremo poi che un gruppo H è un sottogruppo invariante di un altro gruppo G. [...] Al contrario, quando il gruppo di un'equazione è suscettibile di una scomposizione...

AUGUSTE: Fermati, fermati, fermati! Non ci capisco niente. Voglio dire, povero me, forse sono troppo stupido...
[...]
GALOIS: È dimostrabile, capisci? Io ho esteso il teorema! Che stupido! Settimane di inutile lavoro, e poi è bastato pensare di nuovo al ragno e rivedere la sua tela, per avere l'intuizione giusta. È dimostrabile, capisci? [...] Se un'equazione irriducibile di primo grado è risolubile per radicali, il gruppo di questa equazione non conterrà che sostituzioni della forma, $x_k \rightarrow x_{ak+b}$, dove a e b saranno delle costanti. Già le undici! Sette ore soltanto! Non ho tempo! Non ho tempo! [...] Aspetta, aspetta. Affinché un'equazione primitiva sia risolubile per radicali, è necessario che il suo grado sia della forma p^n, con p numero primo. Ecco! Qui posso fare una pausa. Me l'hai portata la pistola? [...] Tutto ciò che ho scritto qui ce l'ho in testa da più di un anno. Tu pregherai pubblicamente Jacobi e Gauss di dare il loro parere sull'importanza dei miei teoremi, sulla loro verità, più che sulla correttezza delle mie dimostrazioni. In seguito, vedrai, si tro-

verà qualcuno che avrà interesse a decifrare e a mettere in ordine questo guazzabuglio.

Geniale scienziato, così geniale che le dimostrazioni gli sembravano superflue e le spiegazioni ovvie.

Nella conclusione, un ennesimo equivoco lo rende eroe (ancora) di un amore non ricambiato. E per gelosia si arriva al duello finale, alla ferita mortale, al commovente epilogo: "Non piangere. – dice Galois al fratello, arrivato a trovarlo all'ospedale - Ho bisogno di tutto il mio coraggio per morire a vent'anni".

Napoleone magico imperatore di Sergio Bini

Nel film *Hero* viene presentato un curioso accostamento fra la "via della scrittura" e la "via della spada". Che cos'hanno in comune la penna e la spada? Entrambe vengono maneggiate per creare dei segni, la penna su un foglio e la spada nell'aria, ma un ottimo spadaccino traccia i segni con la stessa eleganza che se si trattasse di un'opera d'arte, usa la spada per cambiare il mondo come uno scrittore o uno scienziato usano la penna per modificarlo.

Napoleone, dunque. Il grande corso che dice: "Se non fossi Napoleone mi piacerebbe essere Newton". E che pare avesse inventato un teorema di geometria elementare, il *Teorema di Napoleone* a lui attribuito da Rutherford. Eccolo: *Se si costruiscono triangoli equilateri sui lati di un qualunque triangolo (tutti internamente o tutti esternamente al triangolo dato) e si congiungono fra loro i centri di tali triangoli equilateri si ottiene ancora un triangolo equilatero* (triangolo di Napoleone).

Tornato in patria dall'Italia, viene eletto all'Accademia delle Scienze, e scrive che "l'occupazione più onorevole è contribuire all'ampliamento delle idee umane". Un solitario baciato in fronte dalla gloria, ma un solitario che ama le scienze esatte. È amico del matematico Monge e ci deve mettere del bello e del buono per convincerlo a partire per la campagna d'Egitto, dove viene fondata una specie di Accademia delle Scienze... analoga a quell'Ecole Polytecnique, orgoglio dell'impero, che Laplace, di professione matematico, fa diventare un centro per la formazione di scienziati. Le scienze diventano così più importanti delle lettere. Infatti nelle sue memorie Napoleone utilizza già, anche se in maniera informale, il concetto di "verificabilità" di una scienza.

Arcadia di Tom Stoppard

Si tratta di un testo complesso, anche per via dei due piani storici che si alternano l'un l'altro in una villa inglese. All'inizio dell'Ottocento spicca la figura di Thomasina, una tredicenne di grande talento, con percezioni che anticipano importanti teorie matematiche. Poi ci sono il precettore e la madre di Thomasina.

Ai giorni nostri troviamo invece uno storico, una scrittrice e un matematico discendente della nobile famiglia proprietaria della villa.

L'autore interseca matematica, letteratura, poesia, pittura, architettura, paesaggio... e il legame fra i due piani temporali è il personaggio di Lord Byron, che avrebbe ai suoi tempi sparato a uno scrittore e di cui lo storico cerca prove documentali. Ma la vera protagonista della commedia è Thomasina, ragazza forse un po' troppo saccente, ma con un'ingenuità e una genialità più unica che rara.

Le si sente dire:

> Quando si mescola il budino di riso, la marmellata si spande formando delle strisce rosse come meteore nel mio atlante astronomico. Ma se si mescola in senso inverso, la marmellata non torna a unirsi. Non è strano?

oppure

> Se esiste un'equazione per una curva a forma di campana, dev'essercene una a forma di rosa. Non è forse la natura espressa in numeri? [...] Le montagne non sono piramidi e gli alberi non sono coni. Con questi presupposti sembra che Dio sappia creare solo armadi. Dio dovrebbe amare l'artiglieria se la sua unica geometria fosse quella di Euclide. C'è un'altra geometria che io sono impegnata a scoprire... [...] Non ti è piaciuta la mia equazione sul coniglio?

• e infine quella che è una godibilissima parodia delle informazioni date da Fermat sul suo ultimo famoso teorema:

> Io, Thomasina Coverly, ho trovato un metodo meraviglioso per cui tutte le forme della natura debbono rivelare i loro segreti numerici e disegnarsi da sole, unicamente attraverso i numeri. Essendo questo margine troppo ristretto per il mio scopo, il lettore è invitato a cercare altrove la Nuova Geometria delle Forme Irregolari scoperta da Thomasina Coverly.

Come si vede, Teoria del caos, dei sistemi dinamici e geometrie non-euclidee. La tragica morte della fanciulla a soli sedici anni le impedirà di andare a fondo nei suoi studi.

> SEPTIMUS: Non stavate lavorando sull'ultimo teorema di Fermat?
> THOMASINA: C'è sicuramente più carnalità nella vostra algebra di quanto non ce ne sia in *Il giaciglio di Eros* del signor Chater.
> SEPTIMUS: [...] L'abbraccio carnale, ovvero l'unione sessuale, consiste nell'inserimento dell'organo genitale maschile nell'organo genitale femminile a fini di procreazione e di piacere. Il teorema di Fermat invece asserisce che quando x, y e z sono numeri interi, ciascuno elevato alla potenza n, la somma dei primi due non potrà mai essere uguale al terzo, se n è maggiore di 2.
> THOMASINA: È disgustoso e poco chiaro. [...] Septimus, ciò che si mischia non può più essere scomposto.
> SEPTIMUS: Bisognerebbe far scorrere il tempo all'indietro. [...] Dobbiamo andare avanti a mischiarci continuamente, finché non diventiamo immutabili. Questo è ciò che io chiamo libero arbitrio.
> THOMASINA: Septimus, Dio è newtoniano?
> SEPTIMUS: Etoniano?
> THOMASINA: Ho detto newtoniano! [...] Se potessimo fermare la posizione e la direzione di ciascun atomo e se fossimo veramente bravi in algebra, potremmo scrivere la formula di tutto il futuro.

E ancora riguardo all'ultimo teorema di Fermat, di cui lo stesso scrisse di aver scoperto la dimostrazione, che però non poteva essere contenuta nel margine troppo ristretto della pagina:

SEPTIMUS: Andate nella sala della musica e portatevi Fermat. Se riuscirete a risolverlo avrete doppia porzione di marmellata.

THOMASINA: Non esiste nessuna dimostrazione. Quella nota a margine era uno scherzo per farvi impazzire tutti.

Quasi due secoli dopo, leggendo i quaderni ritrovati nella villa:

VALENTINE: Thomasina alimenta l'equazione con la sua soluzione, e poi la risolve ancora. Iterazione, capisci? [...] La matematica che studiava Thomasina era la stessa da duemila anni. Quella classica. E sarebbe stata tale per un altro secolo ancora, dopo Thomasina. Poi, di colpo, la matematica ha abbandonato il mondo reale, un po' come ha fatto l'arte moderna. La natura è rimasta classica e la matematica, invece, è diventata un Picasso. Ma è la natura a ridere per ultima. Tutti questi scarabocchi non sono altro che la matematica del mondo della natura. [...] Lei partiva da un'equazione e la trasformava in un grafico. Io faccio la stessa cosa ma al contrario.

HANNAH: *Un metodo grazie al quale tutte le forme della natura rivelano i loro segreti numerici e si manifestano unicamente come equazioni.* Con questa retroazione si possono anche disegnare delle forme della natura?

VALENTINE: Se per forme intendiamo turbolenze... crescite... mutamenti... origini... ma non per disegnare un elefante, questo no! [...] Il futuro è disordine. [...] Viviamo davvero nel secolo più interessante perché quasi tutto ciò che credevamo di sapere risulta sbagliato.

VALENTINE: L'universo deterministico.

E alla fine, in un miscuglio temporale fra passato e presente

VALENTINE: Il mondo è condannato. Ma anche il prossimo mondo inizierà allo stesso modo.

SEPTIMUS: Andrà all'infinito o a zero, oppure in qualcosa del tutto insensata.

THOMASINA: Ma se mettiamo da parte le radici quadrate negative tornerà ad avere senso.

VALENTINE: Una tazza di tè si raffredda, ma non può riscaldarsi da sola. Non lo trovi strano? Il calore si raffredda. È una strada a senso unico. Il tè raggiunge la temperatura ambiente. E ciò che succede al tè succede a tutto, ovunque. Al sole e alle stelle. Ci vorrà molto tempo ancora, ma finiremo tutti a temperatura ambiente.

THOMASINA: Proprio come dicevo! Quella teoria di Newton che vorrebbe farci credere che gli atomi si scontrano tra loro dalla culla alla tomba per via delle sue leggi sul moto è incompleta! Il determinismo fa acqua da tutte le parti, proprio come dicevo io.

LADY CROOM: Quanti anni hai, oggi?

THOMASINA: Sedici anni, undici mesi e tre settimane, maman.

LADY CROOM: Sedici anni e undici mesi. Dobbiamo trovarti un marito prima che la tua educazione ti renda irraggiungibile.

THOMASINA: Le equazioni di Newton procedono nei due sensi, senza preoccuparsi della direzione. Mentre l'equazione del calore, invece, può andare solo in un senso.

VALENTINE: Lei aveva capito che si può ricomporre un vetro rotto partendo dai frammenti ma non si può recuperare il calore. [...] Il calore si perde e svanisce. [...] E tutto si amalgama allo stesso modo, in continuazione, e irreversibilmente...

SEPTIMUS: No, c'è tempo...

VALENTINE: ...fino a quando non ce ne sarà più, di tempo. È questo il significato del tempo.

SEPTIMUS: Quando avremo risolto tutti i misteri e avremo perso tutti i significati, ci ritroveremo soli su una spiaggia deserta.

THOMASINA: E finalmente balleremo. È un valzer?

I fisici di Friedrich Durrenmatt

Questo dramma affronta il tema sempre più scottante della responsabilità dello scienziato di fronte al genere umano. Vi sono molti ribaltamenti e scambi inquietanti di identità, "poiché – dice Durrenmatt - un dramma che tratta di fisici deve essere paradossale".

Siamo in una casa di cura per malattie mentali, piena di sedicenti fisici o matematici, cioè siamo in una gabbia di matti... Chi è veramente ogni personaggio? C'è un commissario che indaga, perché è stato commesso un delitto. Vi sono due pazienti, chiamati rispettivamente Einstein e Newton, così denominati perché si crede che la loro malattia consista nell'identificazione con i due scienziati. Poi Newton arriva a dire di non essere lui Newton, di fare solo finta di esserlo. Ammette di essere Einstein travestito, e di comportarsi così solo perché l'altro paziente, quello che appunto si crede veramente Einstein, non abbia una crisi.

Scambio di identità inquietante, perché non si capisce veramente chi è chi, chi crede di essere chi, chi fa finta di credere di essere chi, eccetera...

NEWTON: Il mio compito è di riflettere sulla gravitazione, non di amare una donna.
COMMISSARIO: Ah, capisco.
NEWTON: E poi c'era anche l'enorme differenza di età...
COMMISSARIO: Lei ormai deve avere più di duecento anni...
NEWTON: Duecento? E perché mai?
COMMISSARIO: Beh, in quanto Newton...
NEWTON: Mi scusi, commissario, lei è matto o ci fa soltanto?
COMMISSARIO: Ma come...
NEWTON: Dunque lei crede veramente che io sia Newton?
COMMISSARIO: Ma se è lei che ci crede!
NEWTON: Posso confidarle un segreto, signor commissario?
COMMISSARIO: Ma certamente, dica pure.
NEWTON: Io non sono Isaac Newton. Faccio solo finta di esserlo.
COMMISSARIO: Ah, e perché, se posso chiedere?
NEWTON: Per non confondere Ernesti.
COMMISSARIO: Mi scusi, ma non ci arrivo proprio...
NEWTON: Al contrario di me, Ernesti è veramente malato, si illude di essere Albert Einstein.
COMMISSARIO: E che c'entra con lei, questo?
NEWTON: Se Ernesti viene a sapere che in realtà Albert Einstein sono io, scoppia il finimondo.
COMMISSARIO: Come? Lei vuol dire...?

NEWTON: Proprio così. Sono io il famoso fisico e creatore della teoria della relatività. Nato a Ulm il 14 marzo 1879. [...] Mi limito a formulare una teoria, basata su osservazioni scientifiche. La trascrivo in linguaggio matematico, e ne ricavo un paio di formule. [...] Una macchina è veramente utilizzabile solo se è indipendente dal pensiero scientifico che ha portato alla sua invenzione. [...] NEWTON: Si fa una gran parlare di responsabilità. Tutti han paura e tirano in ballo la morale. Cosa assurda. Il nostro compito è di fungere da pionieri della scienza, e niente più. Se poi l'umanità è capace o no di seguire il sentiero da noi tracciato è affar suo.

Poi arriva un altro scienziato, cioè un paziente che si crede tale.

MOBIUS: La mia disgrazia è che mi appare re Salomone, e nel mondo della scienza niente produce maggior scandalo che un miracolo. Mi detta i misteri della natura, il rapporto fondamentale tra le cose, il sistema di tutte le invenzioni possibili. [...] La teoria di campo unitaria è stata raggiunta. [...]

Questa frase è verissima. Lo scienziato puro, specialmente il fisico teorico, accetta il paradosso, la sfida, il cambiamento, può accettare addirittura – per dirla come il filosofo della scienza Kuhn – un mutamento drastico del paradigma. Ma uno studioso non si abbassa mai a credere a un miracolo. Per lui farlo significherebbe qualcosa di peggio che barare al gioco: significherebbe che è la natura stessa a barare, eludendo le proprie leggi. E che la natura segua alcune leggi – forse ancora sconosciute – questo è un argomento che gli scienziati non si sognano di toccare.

Siamo in compagnia di pazzi che pensano di essere grandi scienziati, o di pensatori che si nascondono per sfuggire alle conseguenze estreme di un lavoro scientifico sfruttato male? Ascoltiamo che cosa dicono, poi ne trarremo le conseguenze

MOBIUS: Siamo al limite del conoscibile. Conosciamo alcune leggi esattamente definibili, i rapporti tra fenomeni incomprensibili, e nient'altro. Tutto il resto, che è enorme, è mistero. Siamo alla fine del cammino.

Ma l'umanità non è ancora arrivata. La nostra scienza è divenuta terribile, la nostra ricerca pericolosa, le nostre scoperte letali. Dobbiamo revocare il nostro sapere.
EINSTEIN: Che vuol dire?
MOBIUS: Dovete restare con me in manicomio. [...] Solo qui ci è permesso di pensare. In libertà, i nostri pensieri sono dinamite.

Cioè sono pensieri esplosivi. Questo perché sono le idee a cambiare il mondo, sia dal punto di vista teorico sia da quello pratico. Pensiamo, per esempio, alla disputa avvenuta nel Seicento fra pensiero tolemaico e pensiero copernicano, come caso teorico. Pensiamo, ai nostri giorni ai cambiamenti che la scienza ha fatto, alla maniera in cui ha modificato la nostra vita e quella altrui. E questo sia nel bene come nel male. Gli alimenti ad alta percentuale di OGM, la telefonia cellulare, i computer sempre più elaborati, la bomba atomica.

Spaventati da queste realtà, i nostri eroi scelgono l'oblio.

Coscientemente, vanno alla deriva.

Restano nel manicomio con le loro false identità, a far finta di studiare, oppure a studiare davvero, questo non lo sapremo mai.

Decidono di recitare una vita che è un copione, in cui è tutto previsto, e non ci sono incertezze né esiste il libero arbitrio.

NEWTON: Io sono Newton. Ho detto "Hypotheses non fingo". Sono il presidente della Royal Society.
EINSTEIN: Io sono Albert Einstein. E a me si deve la formula $E = mc^2$, la chiave per la trasformazione della materia in energia.

Il Mulino di Maria Rosa Menzio

L'anima del Principe fantasticò di poter presto trovarsi in quelle gelide distese di stelle, puro intelletto armato di un taccuino per calcoli: calcoli difficilissimi, ma che sarebbero tornati sempre. [...] Chi si preoccupa della dote delle Pleiadi o della carriera politica di Sirio?

Giuseppe Tomasi di Lampedusa, Il gattopardo

• Dice il sottotitolo dei programmi di sala: *Dall'età dell'Oro alle Grandi Catastrofi, dal paradiso terrestre al nazismo e allo tsunami.* Il testo è scritto al 90% in italiano e al 10% in spagnolo e trae spunto dal monumentale saggio di Santillana e Dechend. Dodici voci, ognuna dei quali rappresenta un segno zodiacale, narrano un testo poetico sull'Astronomia, che tesse emozioni e legami fra leggende e scienza del cielo, e il cui substrato scientifico è il fenomeno della precessione degli equinozi. Chi assiste a questo spettacolo non deve capire in modo "razionale", ma intuire, e solo a rappresentazione finita cercherà l'approfondimento.

Le cose sono numeri. Dice Pitagora E nasce la matematica. I pianeti sono dei. Nasce l'astronomia.

Lo spettatore si fa trascinare da cori e parole. Vengono narrate danze e guerre, e le parole scandite a ritmo di musica ci mostrano come sia varia e grandiosa insieme la storia dell'umanità, con i periodi positivi (il Signore del Canto e il Regno delle Rose) e quelli negativi (Nazismo, Diluvi, Tsunami).

Il mondo era tutto vendetta, l'aria era aggredita dalle lance! Crolla il grande telaio, ci sono diluvi e cataclismi.

Oltre alle Età Umane ci sono le Età del Mondo; 26.000 anni devono passare perché di notte si vedano le stesse costellazioni in cielo: questo è il grande orologio naturale che segna il Tempo. Le metafore colpiscono l'inconscio collettivo con miti eterni.

Il Maestro di Danza esegue nuovi passi e crea l'Orsa Maggiore. Eccolo! Arriva il Tempo della Musica: ha il passo di un re. [...] L'anno solare e l'ottava dominano il mondo. Il Numero e il Tempo, il tempo che corre con sette redini e sette ruote, e l'asse è l'Immortalità.

S'intrecciano miti, astronomia e storia delle religioni a spiegare l'origine del Tempo.

Il re volto-di-sole e la luna si sono congiunti Ma nel giardino incantato c'è un serpente,

un demonio tentatore, vecchio di anni infiniti.
Ecco si compie il peccato originale.
Qui inizia la Storia, inizia il Tempo.
Comincia l'avventura.

Vi sono tutti i simboli che nel corso della storia hanno connotato
i pianeti con i rispettivi segni zodiacali. Tutto è condito con la
sacralità della storia quotidiana.

Gli uomini sono le lacrime di Dio, soltanto
i Re nacquero dal suo sorriso.
Le nostre dimore sono santuari,
con la Dea del Silenzio e il Dio dei Costruttori.

Vita di Galileo di Bertold Brecht

Uno dei primi, se non il primo, vero testo di teatro e scienza. Fiumi
di inchiostro sono stati scritti su questa opera monumentale, in
cui rigore scientifico e invenzione poetica si mescolano in modo
sapiente.

Il tema centrale è l'abiura di Galileo. Brecht vi vede "un'abile,
astuta capitolazione al servizio della verità". Galileo abiura per poter
continuare a lavorare senza esser molestato dai suoi persecutori.

ANDREA: Avete nascosto la verità! Contro il nemico. Anche
sul terreno dell'etica ci precedevate di secoli.
GALILEO: Spiegati, Andrea.
ANDREA: Noi ripetevamo all'uomo della strada: "Morirà ma
non abiurerà". E voi siete tornato dicendoci: "Ho abiurato,
ma vivrò". Noi allora: "Vi siete sporcate le mani". E voi:
"Meglio sporche che vuote".
GALILEO: Meglio sporche che vuote... Bello. Ha un suono di
qualcosa di reale. Un suono che mi somiglia. Nuova scienza,
nuova etica.
ANDREA: Fra tutti, io avrei dovuto capirlo! Avevo undici anni,
quando vendeste al Senato veneziano il telescopio che un
altro vi aveva portato; e vidi come lo usaste per uno scopo
immortale. Quando vi prosternaste al mocciosetto fiorentino, i

vostri amici scossero il capo: ma la vostra scienza conquistò un più largo uditorio. Certo, vi siete sempre beffato degli eroismi. "La gente che soffre mi annoia, – solevate dire; – la sfortuna generalmente è dovuta a un errore di calcolo"; e "quando ci si trova davanti un ostacolo, la linea più breve tra due punti può essere una linea curva".

Nuova scienza e nuova etica: l'uomo nuovo dev'essere disposto a tutto pur di continuare a lavorare. C'è chi dice invece che Galileo con la sua abiura abbia perso un'ottima occasione per essere tramandato ai posteri come paladino della verità... in quest'opera Brecht ce lo presenta come uomo, con tutti i difetti, le ansie, le paure di un uomo normale, ancorché grande scienziato.

Inchiesta assurda su Cardano di Maria Rosa Menzio

Il testo narra del matematico Girolamo Cardano e dell'enigma della sua morte, delle equazioni da lui rubate a Niccolò Tartaglia, del fluire inarrestabile del tempo. Il triangolo di Tartaglia (ben noto ai matematici) simboleggia il terribile triangolo amoroso in cui presente e passato s'intrecciano di volta in volta.

Si tiene una seduta spiritica per capire com'è morto Girolamo Cardano. Si torna indietro nel tempo e vicino al corpo del matematico c'è una pistola fumante, l'oroscopo di Cristo e un'altra carta. È implicata una tale Bianca, che amava Cardano, il quale a sua volta era invaghito del matematico rivale Tartaglia, innamorato della sorellastra Bianca. Quest'ultima è divenuta zoppa a causa di una palla di cannone, e costretta a vivere in un bordello. Sarà lei, che custodisce un segreto, a svelare tutto, compreso il motivo del furto delle equazioni di Tartaglia da parte di Cardano.

GERÒ: (legge la poesia)

Quando che 'l cubo con le cose appresso,
Se agguaglia a qualche numero discreto,
Trovami dui altri differenti in esso.
Dapoi terrai questo per consueto

Che 'l lor prodotto sempre sia eguale
Al terzo cubo delle cose netto.
El residuo poi tuo generale
Deli lor lati cubi ben sottratti
Varrà la tua cosa principale

La poesia delle equazioni mostra come la matematica e il suo raffinato strumento di lavoro – le formule – siano il tentativo, riuscito, di semplificare l'italiano scientifico.

NICOLA: Sei c-contento?
GERÒ: Tu dici "al terzo cubo delle cose netto"... Che tradotto vuol dire il terzo del cubo!
NICOLA: Ma che terzo del cubo! È "il cubo del t-terzo".
GERÒ: Ah, ecco! Caro Tartaglia, carissimo, sei grande.
NICOLA: Ricorda! Hai p-promesso il silenzio!
GERÒ: Sei un genio. È un caso particolare dell'equazione di terzo grado. Grazie dei consigli. Saranno la base per la soluzione in grande, la soluzione generale. Conto di arrivarci.
NICOLA: Ma r-ricorda! Hai giurato!

••• *musica "del destino"* •••

GERÒ: Me lo sono fatto io, l'oroscopo.
BIANCA: Smettila con le tue predizioni!
GERÒ: Ho un grande foglio, a quadretti, lungo mezzo metro e largo un metro e mezzo, e dentro ci sono settantacinque quadratini, cinque per quindici, e io morirò a settantacinque anni e non uno di più.
BIANCA: Piantala!
GERÒ: A settembre sono nato e a settembre morirò.
BIANCA: Non puoi essere sicuro!
GERÒ: Roba da diventare matto!
BIANCA: Ci credo! Stai sempre lì a guardare 'sto dannato foglio, e pensi che quello lì è il tuo sessantesimo anno ed è già passato, irrevocabile...
GERÒ: Diventar matto! Dicono tutti che lo sono già.
BIANCA: Ci credo! Il sessantunesimo anno è via, il passato è morto e il futuro è breve...

BIANCA: Gerò! Io ti amo e a te non te ne importa niente!
GERÒ: Il destino. Non poter cambiare il passato. Le caselle nere, le caselle già passate, vissute, perdute.

Cardano era anche mago e astrologo

NICOLA: (*normale*) Vorrei sapere che cos'è 'sto segreto della ragazza... Chissà cos'è: la zingara ha detto qualcosa, tipo diciassettesima generazione
BIANCA: Solo alla diciassettesima generazione si sarebbe saputa la verità... La verità, quel miraggio lontano... La verità...

Incantesimo

GERÒ: Cosa vuoi, Bianca?
BIANCA: Sparati, sparati!
GERÒ: No!
BIANCA: Cosa dice l'oroscopo, che devi morire oggi, no?
GERÒ: Sì, e allora?
BIANCA: Vuoi che fallisca anche l'oroscopo? Hai già fallito tutta la vita! Almeno questo me lo devi, chiaro, lo devi a me!
GERÒ: Lasciami stare, sciocca!
BIANCA: L'oroscopo l'hai fatto tu, Gerò! Questo lo devi a te!
GERÒ: Posso sbagliare anch'io!
BIANCA: Sparati, Gerolamo!
Bang!

Copenaghen di Michael Frayn

HEISENBERG: Il mondo di me ricorda soltanto due cose. Una è il principio d'indeterminazione, e l'altra è la mia misteriosa visita a Niels Bohr a Copenaghen nel 1941. L'indeterminazione la capiscono tutti. O credono di capirla. Nessuno capisce il mio viaggio a Copenaghen.

Infatti, perché andare a trovare Bohr, suo antico maestro, a Copenaghen, durante l'occupazione della Danimarca da parte dei nazisti? Secondo Bohr fu un "viaggio di rappresentanza" della scienza tedesca. Secondo Heisenberg, invece, si trattò di un incontro dettato da motivi privati, affettivi, nati dalla vecchia amicizia e dal sodalizio d'idee scientifiche.

I documenti rimasti ampliano a dismisura il campo delle possibilità. Poteva trattarsi infatti di un semplice colloquio sulla fisica: parlare di fissione nucleare, di ciclotroni, di reattori... dei calcoli sulla massa critica dell'uranio. O magari Heisenberg è andato fin lì per difendere l'antico maestro dai nazisti? Oppure per piegarlo al collaborazionismo? Per estorcergli informazioni vitali per la ricerca del Terzo Reich? O invece è l'opposto, vuole fornirgli informazioni e tradire il proprio paese... O vuole fare una cosa molto pericolosa, inventare una strategia con cui fermare l'utilizzo del nucleare nei conflitti bellici. Oppure vuol dirgli che desidera passare dalla sua parte...

L'idea della *pièce* è quella di dare un'altra versione del misterioso incontro, attraverso un *esperimento del pensiero*. L'autore vuol mostrare che in teatro si conoscono le diverse possibilità solo iterando la scena più volte, esattamente come si fa con gli esperimenti di Meccanica quantistica, a causa della dualità onda-particella.

La singolarità di questo testo consiste proprio nell'analogia fra l'indeterminazione storiografica e quella quantistica. E insieme nel collegamento di scena della vita di tutti i giorni con l'indeterminazione della fisica. Camminare sotto la luce dei lampioni rievoca la traccia degli elettroni nella camera a nebbia, mentre la scelta di Heisenberg fra due diversi cammini durante una velocissima sciata richiama la scelta di un elettrone fra due fenditure una accanto all'altra.

Ma la questione centrale sarà: perché Heisenberg sbagliò in modo così vistoso la determinazione della quantità di uranio 235 necessario per la bomba? Forse perché la bomba, lui, non la voleva? E i calcoli, tutti questi calcoli vistosamente errati, come mai non li fece Bohr? Forse perché a Bohr non era mai passato per la testa di costruire una bomba?

Forse in fin dei conti è stato proprio il fallimento di quel colloquio, di quel *fare scienza insieme* il non capire che per l'uranio era questione di chilogrammi e non di tonnellate, forse è stato quello che ci ha evitato la bomba nazista.

• *Senza fine* **di Maria Rosa Menzio**

"Là dietro c'è la mia scoperta che rivoluzionerà l'universo! La quadratura del circolo! Capito, imbecille? [...] L'unico che mi ha detto che ero sulla strada giusta è stato lui..."
Ecco: si era finalmente svelato un mistero decennale. Notti intere aveva passato a domandarsi come era riuscito Romeres a convincere suo padre: gli aveva semplicemente dato un poco di spago. [...] Vuoi vedere che quel pazzo gli combinava qualche bello scherzo nel testamento? Qua bisognava mettere le mani avanti, e d'urgenza magari.
"Ci avete mai pensato al moto perpetuo?"
"No" fece il Principe subito all'erta "Che cos'è?"
"Adesso ve lo spiego" disse lento lento il Principino
Andrea Camilleri, *Un filo di fumo*

Il testo parla di Ipazia, matematica e filosofa neoplatonica assassinata dai fanatici cristiani nel 415 ad Alessandria d'Egitto.
Ma è una storia diversa. Dato che molti avevano già scritto opere su questa grande matematica egiziana, ho scelto una biografia d'invenzione.

Ipazia è un genio e vuol risolvere il problema della quadratura del cerchio. Simbolo di questo interesse è un anello, che diventa nel dramma strumento per viaggiare nel tempo attraverso le pagine di vari libri. Così lei passa di secolo in secolo diventando la protagonista di molti libri, fino al finale a sorpresa.
Frutto di fantasia è l'età di Ipazia: al momento della persecuzione da parte del Vescovo, la donna in realtà aveva quarantacinque anni, e non ventisette.

Ecco una delle ultime pagine del testo:

VOCE: Era il Libro Proibito. L'Albero della Morte. Il grande Limite. L'unico dei suoi libri rimasto intatto!... Il Libro che annulla.
IPAZIA: Conferenza di Parigi del 1900. Cantor annuncia: "noi dovremo sapere, noi sapremo!"
Tutto. Tutti i segreti dell'universo.

VOCE: Oltre non si va. C'è un'altra dimensione, al di là. La corsa è finita. Lei è annichilita. Ipazia... è nell'Ade.
IPAZIA: Kurt Gödel. 1931. La non contraddittorietà di un sistema formale non è dimostrabile all'interno del sistema stesso. Una sorta di circolarità è ineliminabile dal pensiero matematico. Esso riesce ad auto-descriversi soltanto "a pezzi", mai, "interamente".
VOCE: La verità sta nel centro, ma non nell'anello. Nell'anello... è contraddittoria!
IPAZIA: L'autoriferimento è indimostrabile.
VOCE: E mentre la terra continua a correre nello spazio... Ipazia... è annientata dal tempo. Vicino al prato di quadrifogli, il tronco del melo magico (quello che aveva rami, fiori, frutti e foglie di tutti i colori dell'arcobaleno), è diventato grigio. Grigio come piombo. E io... io... sono... ora... come di pietra. Di pietra... di pietra...
Di pietra... di pietra... (si accascia)

Afferma Cesare Pianciola a proposito del copione:

Si tratta di un testo poetico e visionario che ha come filo conduttore il tempo: l'inesorabile scorrere dell'individuo verso la fine e la ciclicità del tempo cosmico, la linea-freccia e il cerchio, la morte e l'umano desiderio d'immortalità, eternità extratemporale o perpetuazione attraverso la generazione, la scrittura, la memoria. Nomi di fisici e di matematici – Newton, Cantor, Gödel – si mescolano a citazioni di poeti, da Tasso, a Dante, a Brodskij, in una fitta trama intessuta anche di riferimenti filosofici. Tra questi Eraclito, Cusano, Nietzsche (dal serpente di Zarathustra che divora se stesso alla storia come infinita serie di maschere). Ovviamente non bisognerà cercare qui dimostrazioni, ma aprirsi a suggestioni, stimoli, interrogazioni, in un caleidoscopio mentale fortemente evocativo.
"Mulier taceat in ecclesia", dice una voce iniziale. Ma Ipazia, messa violentemente a tacere, riprende la parola e ci ripropone in questo testo, dilatandosi in molteplici tempi storici, paradossi e questioni sul tempo, ai modi in cui può essere pensato e vissuto.

Matematico e impertinente
di Piergiorgio Odifreddi

Dice Laura Santini a proposito dello spettacolo:

Odifreddi è narratore accattivante, autoironico e pertinente. Dà un tributo a una tra le più duttili delle scienze.
Un'apologia per un pensiero che non si è fermato di fronte al vuoto, accettando lo zero, che non ha temuto il molteplice accettando l'infinito. E se i numeri hanno fatto fatica a esistere, sono stati "gli indiani d'America e d'India a consegnarci lo zero, per esempio", oggi la matematica sembra ancora troppo spesso parlarci una lingua sconosciuta attraverso le sue formule. Eppure proprio la piccola forma, va avanti Odifreddi, è strumento perfetto, il solo capace di sintetizzare pensieri multipli in un pugno di simboli, come l'einsteiniano $E=mc^2$: "e se questa condensazione di conoscenze non è bellezza..."
Cita Parmenide, Umberto Eco, Ezra Pound, Dante, Oscar Wilde, Jean-Paul Sartre, Teeteto, Platone, gli Egizi, Pitagora, la meccanica quantistica, la fisica, e persino Benedetto XVI, Odifreddi per raccontarci delle infinite applicazioni a cui le cifre si sanno piegare per illuminare la natura e il mondo dei fenomeni.
Calato nei panni dell'*anchorman* più che dell'attore, Odifreddi narra di una grande e totalizzante passione, antica e laica, per il pensiero logico e razionale, capace di suscitare forti contrasti, fino alla persecuzione e alla celebre abiura di Galileo Galilei.
La grande sconfitta: "Galileo poteva passare alla storia come eroe, ma abiurò". Ci legge una sua versione rivista, tentando il riscatto o forse esorcizzando un gesto che spera irripetibile.
Odifreddi pone la matematica al centro dell'essere e ricorda le parole di Simone Weil sul nulla da cui originiamo e verso cui tendiamo, non escludendo il femminile dall'universo matematico. Come la filosofia, "in cui milita una banda di pensatori fannulloni", il pensiero logico e razionale non è assoluto, si aggancia strettamente alla sperimentazione.
Di tutte le materie con cui la matematica intreccia relazioni, la religione è l'ambito che resta più separato. E se tra i culti, "quello cattolico essendo dogmatico è il meno adatto a trattare con i matematici", Odifreddi porta in scena la *new age* e il buddi-

smo. Ci mette di fronte all'intervista impossibile, almeno ora, con il Dalai Lama per ricordare che i monaci buddisti studiano quattro anni logica.

Durante la rappresentazione i passi più interessanti sono tratti dal saggio omonimo dell'autore, cioè appunto la "abiura di Galileo" e "la logica a teatro", che conclude lo spettacolo stesso.

Mangiare il mondo di Maria Rosa Menzio

Dice Guido Davico Bonino a proposito della commedia:

> Maria Rosa Menzio, in *Mangiare il mondo*, va per una sua "diversa" strada. Parte da un lato realistico, e terribile: la malattia; una delle più terribili del nostro tempo: l'anoressia. Ma non compie l'errore di invischiarsi, come una pronipote del professor Lombroso, nella minuziosa trascrizione del morbo. La Menzio della malattia sfrutta solo la premessa: la reclusione in ospedale, l'assistenza monacale, il soffocante placcaggio terapeutico. Ma poi divaga e svaria, inoltrandosi nel rarefatto limbo dei sogni. Mangiare il mondo è, un "prontuario di visioni". Come Freud cent'anni fa ha spiegato, l'universo dei sogni è d'una coerenza assoluta, nella sua logica costruttiva.
>
> Così, quello di Sibilla non è un itinerario labirintico. Ha la sua brava partenza nello scacco di un *familieuroman* distruttivo (ma forse sarebbe il caso di definirlo "divorante"), con un brutale dissidio coniugale dagli esiti adulterino-omicidi. E ha le sue tappe lirico-evocative: la cronaca di un amore troppo facile (Battistello), la romanzesca evocazione di sé come donna fatale (Tizio), e come eroina (il Generale), sino alla "trasferta" onirica più originale e suggestiva: l'Amore (Impossibile) con i Gemelli Siamesi.
>
> Sibilla, tutta felice, quell'amore a tre lo vive come Possibile: non solo ne trae ripetuto sollazzo (fuori scena, perché appunto *obscaenus*), ma vi attinge l'intera pienezza concessa al suo sesso: è amante-madre, è Venere e Démetra, che dal seno possente lascia traspirare, *sicut mel ac ambrosia*, il latteo siero. È comprensibile che se lieto fine ha da esserci, questo venga celebrato con i Gemelli in questione. È per Sibilla l'uscita dalla malattia?

Cederemmo al ricatto del professor Lombroso se ci ostinassimo a rispondere a questa domanda. Ricordiamo Shakespeare:"giacché noi non siamo fatti d'altro che della materia dei sogni..."

La commedia affronta quindi un tema scottante: quello dei disturbi alimentari, e li tratta con una serie di metafore ardite. L'indagine sulla condizione umana avviene in un ospedale psichiatrico, dove la duplicità del potere non fa che alzare muri fra la protagonista Sibilla e il rosso richiamo della vita. L'anoressia di questa donna tocca le corde più profonde dell'universo femminile e umano in generale. La famiglia, certo. Le solite relazioni parentali che sono alla base dei disturbi alimentari, sicuro. Ma c'è un elemento in più, l'amore. Un amore eccezionale verso due gemelli siamesi, un amore così forte da esser causa di prodigi, come l'invenzione letteraria di Sibilla che dà latte dai seni ogni volta che fa l'amore... contraltare simbolico dell'amore senza speranza del padre di Sibilla verso la madre, che lui aveva catturato con un'enorme rete acchiappafarfalle.

La sensualità della protagonista si esprime attraverso due luoghi, non simbolici ma reali: cibo e amore, golosi banchetti e sesso sfrenato da un lato, e dall'altro digiuno e astinenza, dopo la lettera portata dal postino. Questo postino è un personaggio tutt'altro che secondario. Insegue Sibilla fra un trasloco e l'altro per un quarto di secolo, al punto che la lettera del padre defunto diventa il simbolo della sua giovinezza. La tal lettera testimonia l'assassinio del padre da parte della madre e al tempo stesso (viene scritta dall'aldilà) prova che Dio non esiste...

Sibilla cerca di aggrapparsi a diversi punti fermi dopo aver saputo dell'assassinio del padre: a partire dalla cantilena rumine reticolo omaso abomaso sullo stomaco delle mucche, cantilena che sentiamo scandire il tempo durante tutta la *pièce*, agli universali del sacro e delle stelle: dal fondo di un pozzo, in pieno giorno, ho visto il cielo stellato, finché il finale, tragico e salvifico insieme, porta allo smascheramento del falso medico dell'ospedale e al risorgere dell'amore.

Ecco alcuni passi tratti dalla commedia:

> SIBILLA: Una volta, a ogni luna dal mio sesso usciva un tributo di sangue... un tributo doloroso di sangue e d'amore. Tanto tempo fa. Tempo lontano. (*Fa qualche passo*) Ora non più.

Ho letto che il mio disturbo vuol dire qualcosa... che io non voglio più essere donna... non più donna... una forma vuota, senza latte né sangue...

SIBILLA: Non voglio mangiare più nulla di quest'antico mondo in putrefazione

Sento la morte in ogni boccone che porto alle labbra

Che cos'è l'anoressia? Un lungo pranzo fatto di nulla, un sontuoso banchetto senza vivande.

Mille piatti da portata tutti vuoti...

Il mio stomaco ormai è un labirinto.

Quel che entra torna all'ingresso senza aver trovato la strada giusta per andare avanti.

Mangiando, sempre più mi accorgo della morte inarrestabile dell'universo.

Omaso abomaso, omuso abomaso..

Vedo sfilare davanti a me tutti i cibi del mondo, frutti acerbi e frutti del futuro non ancora spuntati, (*a voce altissima*) chilometri di galline che depongono uova a velocità fantastica, carni tenere di buoi grassi e vitelli d'oro agonizzanti nei macelli, il capo chino che accetta il sacrificio...

Omaso abomaso, omaso abomaso...

Ecco la soluzione universale: smettere di mangiare, smettere di parlare, leggere, dormire. Smettere di mangiare, di parlare, leggere, dormire.

Di mangiare, parlare, leggere, dormire.

SIBILLA: Preferisco morire di fame che starli accanto. E quando morirò avrò lo stomaco largo due millimetri e le unghie lunghe due metri. E sarò ricca, grazie al privilegio degli anoressici di non pagare la bolletta del gas. (Decreto 66/97 del Ministero della Sanità). Ma a te non toccherà niente. Perché la mia vendetta ti ucciderà. Ti ho condannato a morte. Sì, quando non ci sarò più, tutti in quest'ospedale si uniranno in corteo! Dai sepolcri alle piazze, milioni di persone canteranno l'inno della rivolta! Danzeranno nel sole! Poi alzeranno il palo della tortura! Milioni di chitarre suoneranno alte nel sole! Ormai sono orfana di padre, madre, amore, cibo... E tu, mia angoscia... mio nemico-padrone... dai tuoi stessi pazienti verrai trucidato! Non aspetterò la giustizia dell'aldilà! Perché DIO NON ESISTE, NE HO LE PROVE!

Teatro di strada: mimo e circo alle prese con le formule

Un uomo che ride non sarà mai pericoloso
Laurence Sterne, *Viaggio sentimentale*

Dove si apre il sipario su formule senza parole: le poche a esser pronunciate sono in lingue a noi distanti come il russo... Ci sono copioni fatti di tre pagine, pensati per spettacoli in cui a farla da padroni sono il mimo, la danza, la scenografia, le luci, la risata, la musica, ma soprattutto l'elemento visivo, tant'è vero che qualcuno ha parlato di commistione fra teatro e mostra di scultura...

.

Valentina

Valentina, molto più in alto delle nuvole.

Una bimba sogna di volare, un'anziana signora ricorda di aver sognato e di esserci riuscita. L'avventura nello spazio, il ricordo di un'impresa eccezionale, dove il corpo si fa territorio della memoria, diventano una *pièce* corporea, visuale, fisica.

Lo spettacolo richiama alla memoria un'azione eccezionale: nel giugno del 1963 il tenente sovietico Valentina Tereshkova prende il volo sulla navicella spaziale Vostok 6 per effettuare quarantotto orbite intorno alla Terra. Siamo nel periodo della guerra fredda; c'è un'operaia tessile di ventisei anni che ha un hobby fuori del comune: il paracadutismo. La donna viene quindi scelta per questa impresa ed esce dalla cronaca per diventare leggenda: la prima donna nel cosmo, una grande eroina sovietica... Valentina conferma che la conquista dello spazio riguarda tutta l'umanità, non soltanto le creature di sesso maschile.

Ora Valentina abita a Mosca, e fa parte dell'Unesco.

Dice Esther Mollo a proposito della *pièce*:

Un muro di valigie... Valentina e il suo angelo custode: siamo nel 2006, i suoi occhi scintillano ancora, malgrado gli anni.

In ogni valigia ricordi, sensazioni, immagini, colori, odori, suoni: il decollo, l'assenza di gravità, lo spazio infinito, ma anche la folla in delirio all'atterraggio, quell'unico volo, quell'avvenimento magico che inciderà il suo nome per sempre nella storia.

Queste valigie sono i bagagli del cuore, dell'anima, dello spirito; pesanti e leggeri come la memoria... bauli in cui si accumulano l'esperienza e i ricordi. *La memoria è il rapporto tra i nostri ricordi e il tempo.*

Per parlare della memoria, ho scelto questa donna straordinaria, per ciò che rappresenta in quanto donna, scienziata, politica e depositaria di quel Mondo al di là del muro che non esiste più, ma che ha tanto influenzato la nostra storia e la mia infanzia.

È anche la mia memoria, Valentina Tereshkova fu, per la bambina appassionata di fantascienza che ero, un'eroina, un modello di coraggio, un'icona.

Recitato con un testo parte in italiano e parte in russo, le parole sono comunque un universo fascinoso in cui l'attrazione del linguaggio diverso diventa piacere di scoprire cose nuove, desideri, sogni nel cassetto, imprese eroiche, quel che abbiamo sperato e non abbiamo mai osato fare.

Atelier Piccolo Principe

Dice Barbara Altissimo sulla rivisitazione del romanzo:

L'evento porta in scena sotto forma di variazioni le atmosfere che il grande viaggiatore respirò nei suoi viaggi... Francia, Africa, Corsica, Argentina, Punta Arenas. Un viaggio poetico-musicale nelle misteriose *Terres des hommes* che racconta le più sottili e segrete esperienze del volo, che si risolvono scientificamente nella rivelazione dell'unità del mondo. Un messaggio attuale di forza e amore, in scena una *Cittadelle* abitata da due danzatrici-narratrici che raccontano una storia sempli-

ce vista in un'ottica scientifica; al loro fianco un attore bambino impersona il Piccolo Principe e come nei giochi riesce a far
vivere tanti straordinari personaggi. Uno studio che, parafra-
sando Saint-Exupery nella dedica di prefazione al libro, è
"dedicato al bambino che siamo stati e che continua a vivere
dentro di noi".

È un omaggio a un testo dedicato ai bambini di tutte le età, un
viaggio-racconto alla scoperta di quanto di scientifico c'è in un
testo che tutti ricordiamo per altri contenuti. Il mondo curvo sul-
l'asteroide è il punto forte di quest'allestimento. La mente del
Piccolo Principe, non abituata a un mondo apparentemente piatto, trova del tutto naturale che per guardare un tramonto dopo
l'altro basti semplicemente... spostare la sedia un po' più in là in
un pianeta che si può circumnavigare in pochi minuti.

BUBBLES... il sogno di Alice

È una notte piena di incubi, quella in cui Alice inizia un lungo
viaggio nel paese delle superfici minime. Proprio come l'Alice di
Lewis Carroll, attraversa lo specchio, segue il bianconiglio, e si
ritrova in uno strano spazio popolato di oggetti matematici.
Scopre che, nonostante tutti i nostri dubbi, le nostre paure e la
maniera a dir poco spaventosa in cui la matematica è a volte inse-
gnata e trasmessa, vi si può scoprire una grande poesia. A quel
punto le visioni mostruose si trasformano in sogni e Alice impa-
ra a comprendere Il Grande Libro della Natura, nel centro di quel
poligono i cui vertici sono la matematica la pittura la poesia e l'infinito... A poco a poco Alice comprende che nella matematica si
trova uno spazio denso di infinita poesia, ove si può restar bambini anche quando si è adulti. Il personaggio del Professore, prima
terrificante, diventa lentamente guida e amico di Alice: si eviden-
zia il delicato problema della pedagogia della matematica. In
quest'allestimento le scene e i costumi sono originalissimi, ogni
parola e gesto degli attori si unisce perfettamente al simbolo
matematico. Ci sono formule scritte su cartelli che una mano gentile alza all'improvviso, ci sono elegantissimi voli di farfalle e api
snob in questo universo matematico differente dal solito...

• Sempre Esther Mollo ci racconta la genesi dello spettacolo.

Dopo anni di lavoro sui problemi della pedagogia nella matematica, Valerio Vassallo, Direttore a Lille dell'Istituto di Ricerca sull'Insegnamento della Matematica, aveva voglia di qualcosa, uno strumento, per dire "la matematica è bella e poetica" e mi ha contattata, commissionandomi uno spettacolo sulle superfici minime. Il materiale scientifico che mi è stato fornito e le lunghe spiegazioni di Valerio mi hanno prima convinta (io che al liceo odiavo la matematica), poi il tutto si è mescolato al mio universo artistico, al mio modo di dire le cose fatto essenzialmente di azione e di immagine (il testo è ridotto, vi mescolo il mimo corporeo, la danza, le proiezioni, il teatro d'oggetto). Così è nato *BUBBLES… il sogno di Alice*, un omaggio scientifico a Lewis Carrol, che altri non fu che il Prof. Dogson, docente di Matematica all'Università di Oxford.

Alice sogna, viaggia, il suo viaggio parte dalla matematica e grazie ad essa va molto più lontano, nell'arte, nell'architettura, nella biologia, nella fisica, nell'astronomia ecc.

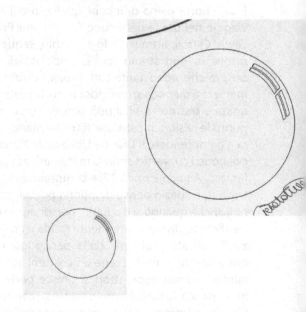

I peccati capitali

La via è lunga, e il cammino malvagio
Dante Alighieri, *Inferno, Canto XXXIV*

Dove si chiarisce cosa "non s'ha da fare" per scrivere in linguaggio teatrale, (ma anche viceversa cosa s'ha da fare) e si cercano i correttivi agli errori più frequenti.

.

Teatralizzare

Per rendere una frase "teatrale" facciamo un esempio pratico.
Consideriamo cioè la proposizione "Una donna è seduta con un gatto vicino a un muro bianco" e adattiamola al palcoscenico. A piccoli passi, con un effetto scenico sempre maggiore.

"Una donna è seduta con un gatto vicino a un muro bianco"

Frase di partenza, sembra parlare di un quadro.

"La donna è seduta con un gatto vicino a un muro bianco"

L'articolo determinativo ci dice che non si tratta di una donna qualunque, è proprio lei, quella donna lì.

"C'è una donna seduta con un gatto, vicino a un muro bianco"

L'accento messo sulla figura della donna, sul suo esserci, la rende ancor più protagonista.

"C'è una donna, seduta con un gatto, il muro è bianco"

Tre dati. Ora nasce il sospetto, l'idea che con questa scena ci si debba aspettare qualcosa d'importante. Adesso è un semplice sospetto, un pensiero che attraversa veloce la mente, poi si vedrà.

"C'è una donna, seduta con un gatto. Il muro è bianco"

Non più sospetto, ma desiderio. Spezzare ancora di più ci fa desiderare appunto che qualcosa accada.

"Seduta col suo gatto, una donna. Dietro di lei il muro bianco"

La figura della donna è centrale, il gatto – ora lo sappiamo – le appartiene. Lei è dunque ancora più protagonista.

"Seduta col suo gatto, la donna. Dietro di lei il muro bianco"

In un crescendo continuo, appare sempre più incisiva la presenza umana, anzi femminile. Cosa succederà? Abbiamo tre elementi: la donna, il gatto, il muro. E adesso che cosa capita, si chiede il lettore? Incombe qualcosa: un dramma? Una tragedia? Una commedia degli errori? Più probabile qualcosa di drammatico, o di tragico, una scena che venga scritta a lettere nere (oppure sanguigne) sul muro candido.

"Muro bianco. Seduta col suo gatto, una donna"

Ci si aspetta adesso l'azione in maniera improrogabile. Tutto è pronto, gli spettatori stanno trattenendo il fiato.
È ora. Comincia lo spettacolo teatrale.

Scrivere come si parla

Come abbiamo detto più volte, la difficoltà più grande per chi si accinge a scrivere per il teatro è quella di scrivere in linguaggio parlato.

Bel consiglio, diranno gli studenti! Eppure a scuola ci hanno insegnato tutto il contrario! Abbiamo imparato a distinguere fra la lingua di tutti i giorni, quella con cui si dialoga, e la lingua seria, quella scritta. E ci hanno detto che le due lingue non andavano confuse, e che una persona colta non poteva scrivere in modo "poco formale"... Lo so bene. Le stesse cose le hanno dette a me, a scuola, e ho avuto le vostre medesime difficoltà a scrivere per il teatro. Di più, questa identica difficoltà è avvertita dal (o meglio: 'sta difficoltà la sente pure) novello autore teatrale che vuol trattare di scienza.

Se ora leggiamo il libro *Novecento* di Alessandro Baricco, ecco che comprendiamo tante altre cose. C'è un autore, che fino a un certo punto del proprio percorso artistico è stato romanziere e saggista, e che in quel preciso momento decide di cominciare a scrivere per il teatro.

Anzi, vuole scrivere un monologo. L'impresa più difficile.

Eppure c'è riuscito. Leggiamone insieme un passo.

Salone da ballo della prima classe.

Luci spente.

Gente in piedi, in pigiama, all'ingresso. Passeggeri usciti dalla cabina.

E poi marinai, e tre tutti neri usciti dalla sala macchine, e anche Truman, il marconista.

Tutti in silenzio, a guardare.

Novecento.

Stava seduto sul seggiolino del pianoforte, con le gambe che penzolavano giù, non toccavano nemmeno per terra.

E,

com'è vero Iddio,

stava suonando.

La prima e la seconda riga paiono titoli di giornali.

Effetto, atmosfera, ecco che cosa riescono a creare. E sembra che qualcuno stia parlando. Ci sta descrivendo una nave, e ci pare di sentirlo.

Nel finale, le pause, poi, fra la parola "e" e la parola "come", sembrano veramente essere i silenzi che si sentono sul palcoscenico quando l'azione è sospesa e sta per capitare qualcosa.

Poco prima aveva detto:

Primo viaggio, prima burrasca. Sfiga. Neanche avevo ben capito com'era il giro, che mi becca una delle burrasche più micidiali nella storia del *Virginian*.

L'uso delle parole in vernacolo, o l'uso di parole che il dizionario indica come "volgari" è da limitarsi al massimo, ma, quando occorrono, sulla scena fanno l'effetto di una fucilata. Sono "vere", perché è così che la gente si esprime, compresi gli scienziati.

Facciamo ora un altro esempio che non sia in contrapposizione al teatro, ma in qualche modo ne abbia in comune le tecniche. Immaginate di dover raccontare una storia agli amici. Una storia abbastanza lunga. Perché non si addormentino dopo cinque minuti, e anzi pendano dalle vostre labbra, dovete usare un linguaggio colorito, dosare le pause, cominciare le frasi in modo incisivo.

È proprio la stessa cosa che dovete fare se scrivete per il teatro. Ma incontrereste la medesima difficoltà anche se doveste scrivere un sermone, senza far ciondolare le teste dei vostri fedeli che si stanno per assopire.

Inoltre, mai dare nulla per scontato. Non c'è niente di ovvio. Voglio dire che ciò che appare immediato a noi può risultare incomprensibile agli altri. Siamo tutti esseri umani, certo, ma siamo diversi, con competenze distanti fra loro, e abbiamo tutti voglia di muoverci in terreni dissimili dal nostro, che però non pongano troppe difficoltà di apprendimento e di emozione vera.

C'è comunque un punto, che chiamerei punto critico, indicativo di una soglia. Cerchiamo la risposta alla seguente domanda: quand'è che un testo, come nel caso dei *Massimi sistemi*, è pensato come dialogo da leggere in un libro, e quando invece, come nel caso dell'interrogatorio di Oscar Wilde, può essere reso benissimo, anzi al meglio, sul palcoscenico?

Poco dipende da chi legge, qualcosa in più dalla regia, certo, ma il lettore medio ha proprio una soglia, al di qua della quale sente che il testo è reso al meglio solo nella pubblicazione, mentre al di là di detta soglia l'immaginazione comincia a lavorare, e i dialoghi sono visti in scena, non in un "iperuranio immaginativo" bensì in una precisa ambientazione teatrale.

Inoltre, scrivere è quasi sempre un esercizio di sincerità. E questo vale per ogni forma di scrittura, ma soprattutto per il teatro, a causa della sua immediatezza. È difficile che un autore di natura sedentaria si metta a scrivere in modo convincente sulla bellezza dei viaggi, o sull'orrore di chi non si muove mai. È estremamente improbabile che un autore le cui posizioni politiche sono di sinistra si metta a scrivere una *pièce* in cui si esalta il capitalismo selvaggio. Volenti o nolenti, si scrive di ciò che si conosce, e della maniera in cui lo si conosce. Anche nella scienza.

Ancora una precisazione sul linguaggio: l'uso della retorica e di un certo tipo di tecniche di persuasione non è soltanto appannaggio del romanzo e delle scienze umane, ma anche di quelle dure. E possiamo quindi ritrovarle nel teatro scientifico, come metodo di contaminazione fra i due generi.
Faccio un esempio "inventato":

"Ma che dici, la retta... su una sfera?"
"Guarda tu stesso, non c'è contraddizione. È bella, nuova..."
"Non mi convince"
"Cambia punto di vista, liberati la mente"

Beh, non è certo il "compra che è bello", però la sostanza è in qualche maniera la stessa.

Quante pagine?

O forse tu non hai mai sentito parlare dell'invenzione? [...] E in che consiste dunque questa scoperta? [...] Non devi ancora chiedermi i particolari.

Ibsen, *L'anitra selvatica*

Ascoltiamo i consigli di Grazia Deledda, insignita del premio Nobel per la letteratura nel 1926. Si tratta di una scrittrice che perseguiva una prosa "epica", dicono le antologie. Un'autrice che spiegava a tutto il mondo la propria semplicissima ricetta di romanziera: "una paginetta al giorno e in un anno un libro è fatto".
In ambito teatrale non si può fare così. Uno scritto teatrale non va avnti da un giorno all'altro per accumulazione, ma per ampliamenti successivi e soprattutto per mezzo della creazione di quelli che chiamerò "scardinamenti" emozionali. Proprio come la scienza: come abbiamo visto, questa non è accumulazione di conoscenze ma ripetuto rovesciamento di punti di vista. Infatti questo è uno degli elementi importanti che hanno in comune la Scienza e il Teatro.

• Voglio dire che scrivendo si procede per gradi.

Il primo scalino è il soggetto (l'idea "forte", lunga circa una pagina).

Il secondo gradino è il trattamento, l'elaborazione dell'idea forte in sei-sette pagine, di solito comunque non più di dieci.

Il terzo gradino è lo svolgimento vero e proprio in venti-sessanta-centodieci pagine o quante decidete di scriverne. Ma se questo svolgimento è, in fase iniziale, una creazione scandita in ordine cronologico, per quello che ho chiamato "scardinamento" emozionale conta quel filo continuo che, dall'apertura alla chiusura del sipario, ci fa stare col fiato sospeso. Voglio dire che non c'è bisogno, in ambito teatrale, di rispettare l'ordine cronologico della vicenda, ammesso che di vicenda si tratti e non di un monologo interiore. Parlo di monologo interiore perché quello che interessa sul palcoscenico è proprio l'ordine logico, e non quello temporale, della storia.

Prendiamo, per esempio, il monologo di Molly Bloom dall'*Ulisse* di James Joyce. Un'idea ne fa venire un'altra e poi un'altra ancora, mediante libere associazioni.

Sì perché prima non ha mai fatto una cosa del genere chiedere la colazione a letto con due uova da quando eravamo all'albergo City Arms quando faceva finta di star male con la sua voce da sofferente e faceva il pascià per rendersi interessante con Mrs. Riordan vecchia befana e lui credeva d'essere nelle sue grazie e lei non ci lasciò un baiocco tutte messe per sé e per l'anima sua spilorcia maledetta aveva paura di tirar fuori quattro soldi per lo spirito da ardere mi raccontava di tutti i suoi mali aveva la mania di far sempre i soliti discorsi di politica e i terremoti e la fine del mondo divertiamoci prima Dio ci scampi e liberi tutti se tutte le donne fossero come lei a sputar fuoco contro i costumi da bagno e le scollature che nessuno avrebbe voluto vedere addosso a lei si capisce dico che era pia perché nessun uomo si è mai voltato a guardarla spero di non diventare come lei…

Una bravissima attrice ha portato in scena questo monologo, e lo straordinario successo della *pièce* si deve sia alla sua bravura sia al linguaggio "parlato".

Pensiamo adesso a un esempio che ci spieghi bene la differenza esistente fra la scrittura (e l'effetto) teatrale e la scrittura (e l'effetto) di un saggio critico. Quest'esempio può essere la *differenza fra gli orologi analogici e gli orologi digitali*.

Gli orologi analogici, quelli con le lancette per intenderci, danno immediatamente l'idea dell'ora, come in un quadro.

Quelli digitali, in cui potete per esempio leggere "14,35", sono da interpretare. Vale a dire che occorre qualche piccola frazione di secondo prima che la vostra mente "traduca" le cifre "14,35" nel pomeriggio, due ore dopo mezzogiorno, più mezz'ora e rotti.

Analogamente ci vuole riflessione e un piccolo lasso di tempo e di ragionamento affinché le verità enunciate in un saggio critico ci appaiano chiare ed evidenti. Al contrario, quello che viene detto su un palcoscenico dev'essere assolutamente immediato.

Cosa dirà la gente?

Chi scrive non può dire "E chi se ne frega di quello che pensa la gente". Non può infischiarsene del pubblico. E il pubblico, a teatro, deve soprattutto divertirsi. E in secondo luogo deve capire. Voglio dire che se non è importante comprendere in maniera ipotetico-deduttiva, in ogni caso risulta controproducente che gli spettatori escano da teatro disorientati, senza aver idea di quello che hanno visto e sentito.

Ma l'errore contrario non è meno grave.

Facciamo un esempio: dovete parlare di informatica, del principio su cui si basa il procedimento detto "zippare". Com'è noto, l'idea di base di questo programma si fonda su un concetto molto semplice. In teoria, una pagina stampata potrebbe, per esempio, contenere mille caratteri messi nero su bianco, fino a occupare tutti gli spazi bianchi. Di fatto ne vengono occupati, poniamo, solo quattrocento. Trovare una scrittura "veloce", quasi stenografata, di come e dove mettere i rimanenti seicento spazi bianchi è l'idea vincente del procedimento detto "zip".

Tutto questo in teatro non va ripetuto tre o quattro volte, come si farebbe a scuola. Non avete davanti a voi uno stuolo di ragazzini che sono lì seduti al banco per forza, di cui dovete catturare l'attenzione, e a cui occorre ficcare in testa le idee a furia di ripeterle.

• Il vostro pubblico ha scelto di venirvi a vedere.
Quindi si aspetta di divertirsi, di stupirsi, non di annoiarsi.
Bisogna dire le cose una sola volta sfruttando l'effetto-sorpresa.
E bisogna dirle in modo che non le dimentichino, che ne
apprezzino la verità, la bellezza, l'intelligenza, l'ottima nuova
idea che ha capovolto il punto di vista di generazioni di scienziati e, anni dopo, la conoscenza di sfondo perfino dell'uomo
della strada.
Non è semplice mediare fra effetto-immediatezza, emozione,
verità... ma andando avanti nel lavoro si riesce sempre meglio

Presentare i personaggi

Come si erano incontrati?
Per caso, come tutti quanti.
Come si chiamavano?
E che ve ne importa?
Dove andavano?
Ma c'è qualcuno che sa dove va?

Denis Diderot, *Jacques il fatalista e il suo padrone*

"E tu chi sei?" domandò il Bruco.
Non era incoraggiante, come inizio di conversazione. Alice
rispose timidamente: "Io a questo punto quasi non lo so più,
signore. O meglio, so chi ero quando mi sono alzata stamane,
ma da allora credo di essere stata cambiata parecchie volte"

Lewis Carrol, *Alice nel paese delle meraviglie*

"Ma... un nome deve significare qualcosa?" chiese Alice dub-
biosa.
"Quando io uso una parola" disse Humpty Dumpty sdegnoso
"essa significa solo ciò che io voglio che significhi".
"Il problema è" disse Alice "se sia possibile far sì che le parole
abbiano significati diversi".
"Il problema è" disse Humpty Dumpty "chi è che comanda"
[...]
"È un bel colpo dare un significato a una parola" disse Alice
pensierosa.

"Quando faccio fare così tanto lavoro a una parola" disse Humpty Dumpty "poi le pago sempre lo straordinario."

Lewis Carrol, *Dietro lo specchio*

Andando a teatro a vedere nuove regie di testi antichi mi è capitato spesso di sentire il pubblico protestare, con un'obiezione davvero elementare.

"Ecco, per questi qui uno deve andare a teatro e sapere già tutto: la storia, i personaggi, l'azione." Sento chiedere da parte degli spettatori: "Ma questo chi è?", "Sarebbe Otello, o deve ancora arrivare?"

Pur sapendo che mistero e suspence sono fra gli ingredienti più apprezzati in un testo teatrale, beh, vi consiglio di non esagerare.

Qualche piccolo trucco tipo: "Clara, quanto ci metti?", "Eccomi!" oppure "Sono Giovanni dalle Bande Nere e mi si deve obbedienza!" o ancora "Eccolo lì, il gatto di Schroedinger" può aiutare, per non lasciare il pubblico nel caos più totale. È bene ricordarlo: il disorientamento creato dalla confusione è cosa diversa, se non opposta, dalla curiosità creata dal mistero.

Un'ultima raccomandazione: dite solo cose pregnati.

Ricordo che nella *Trilogia galattica* di Asimov si parla di un macchinario strano. Ogni documento veniva sminuzzato fino a essere ridotto... non in polvere, ma all'essenziale: e quasi tutti i documenti dei politici della Galassia risultavano essere, alla fine, della pagine vuote...

Giusto il contrario di quello che ci vuole in teatro.

La meraviglia quale madre del sapere

Homines dum docent discunt

Lucio Anneo
Seneca, settima lettera

Dove si leggono alcuni "corti" teatrali scritti dagli allievi della mia scuola di scrittura per "Teatro e Scienza".
In futuro questa scuola ospiterà anche i corti teatrali dedicati alla sezione "Lirica e Scienza".
Si tratta di ragazze e ragazzi di tutte le età che per la prima volta si cimentano nella scrittura di un testo teatrale.
La mia pretesa è stata che si trattasse anche di scienza, e nonostante l'iniziale scoraggiamento i risultati sono stati ottimi, superiori alle aspettative mie e loro.
Ecco quanto di meglio ha prodotto la scuola finora.

Roberta Decio
Il "10" e la crisi esistenziale

ATTO 1

SCENA 1

Siamo nello studio di uno psicologo. Il paziente, il signor 10, è sdraiato sul lettino e spiega al dottore la crisi esistenziale in atto dentro di lui. La sua parte destra (l'1) e quella sinistra (lo 0) sono in lotta l'uno con l'altro e non collaborano più alla serena esistenza del comune padrone.

UNO: Basta, non ti sopporto più! Odio svegliarmi ogni mattina con uno zero di fianco! Sono arcistufo di convivere con una nullità come te! Sei inerte, inattivo, privo di iniziativa; se fosse per te il mondo sarebbe vuoto; anzi non esisterebbe affatto proprio come te!

ZERO: Come ti permetti, sbruffone! Solo perché sei l'1 vuoi sempre primeggiare; credi di essere il primo ma ricordati che vieni sempre dopo di me! Sei il primo nato tra due gemelli per cui il secondo ad essere stato concepito... E la cosa ti rode assai, lo sento.

UNO: Ma smettila. Ti dai un sacco di arie e pretendi di essere considerato una cifra ma non sei nulla in realtà. Sei come un pupazzo che vorrebbe essere un'aquila, un asino che aspira ad essere un leone.

ZERO: Dici così solo perché nei secoli passati ti hanno montato la testa; ti hanno fatto credere di essere il primo tra numeri primi ma sai, ho scoperto la verità; non è così, ci hai fregati tutti, per anni...

UNO: Che vai blaterando zero, non sai più a che scusa aggrapparti.

ZERO: No, no ne ho le prove! Ho studiato un sacco io mentre tu ti pavoneggiavi e ho scoperto che "un intero positivo n si dice primo se è divisibile solo per 1 e per sé stesso". E tu, bello mio, hai un solo divisore mentre tutti i numeri primi ne hanno due. Ti ho beccato!?!

UNO: Ti attacchi a qualsiasi cavolata pur di screditarmi; non riesci ad essere forte per quello che rappresenti invece che per quello che non sono io? Passi il tempo ad infangare me invece che ad esaltare te stesso. Che destino ingrato vivere in un corpo da condividere con te.

ZERO: Ingrato sarai tu, ti poteva andare anche peggio!

UNO: Peggio, e come potrebbe essere peggio che stare con uno zero?

Pensa che bello se mi avessero dato il due come compagna, una femmina emotiva, creativa, conflittuale..., non una nullità come te. Dodici, senti come suona bene...

ZERO: Già è perché non 21? Perché sempre tu vuoi stare davanti?!?

UNO: Insomma polemizzi sempre su tutto; sarebbe stato comunque meglio seguire il due che avere te come compagno di vita.

ZERO: E se fossi stato un 11? Allora si che ci sarebbe stato da ridere; ah. Due galli in un pollaio, e senza galline.

UNO: Ma smettila di fare lo stupido, sei solo uno zero, uno zero spaccato...

ZERO: Zero spaccato; ma spaccati tu!

UNO: No amico mio non capisci; ti hanno spaccato in modo che tu non possa contorcerti un po' e diventare un 8 o, peggio aprirti da una parte e richiuderti a 6. No invece, così spaccato sei uno zero e basta.

ZERO: Ma chi si vuole dividere o strozzare per diventare un 8; ma sai che male per le mie povere articolazioni? E poi non riuscirai a convincermi che non valgo nulla; io sono l'inizio di tutto; senza di me tu non esisteresti!

UNO: Non esisterei, ma che vai dicendo? Io sono il primo, e ripeto primo, dei numeri naturali e tu non vieni affatto contemplato in questo insieme. Nessuno ti vuole, sei solo un povero zero, tondo come una "o", tanto buono forse, ma non conti proprio nulla.

ZERO: Ma che dici; io appartengo eccome al gruppo d'insieme dei numeri naturali. Io sono il 1° numero della serie spostando te, numero uno, al secondo posto della fila. Ti rode eh?

UNO: Secondo posto?!? Sei matto.

ZERO: Già secondo, dopo di me.

UNO: Ma secondo te sarebbe come dire che, in un sistema decimale, il numero 10 è da considerarsi come il primo della seconda decina invece che l'ultimo numero della prima. Che vuoi, cacciare il nostro padrone da un posto di privilegio alla seconda linea? Allora che rispondi?

ZERO: Ma io...

UNO: Lascia stare.

ZERO: E no, non lascio stare affatto. Ricordati che gli altri numeri, quando giriamo insieme, come 10, si inchinano a noi. Siamo una potenza; una autorità in materia. Siamo alla base del sistema decimale; purtroppo insieme però. Da soli non valiamo nulla né io né te.

UNO: Ovvio, basta sempre che io stia davanti perché se stai davanti tu io resto me e tu sparisci, bye bye...

SCENA 2

(Il 10 si volta stravolto verso il dottore implorando il suo aiuto)

DIECI: Dottore lei capisce, almeno in parte, lo strazio che dilania il mio animo? La parte razionale e quella emotiva litigano tutto il giorno ed io, il 10, che sono il re dei numeri, modestia a parte, sono sempre tormentato da questi due rompi e non mi godo il prestigio della mia posizione.

(Il dottore sospira ma non proferisce parola, continua ad ascoltare rapito, il battibecco tra uno e zero)

SCENA 3

ZERO: Senti un po', so tutto io, prova a ribattere a questa grande verità che ho appreso studiando il *Codice di Salem* del XII secolo: "Ogni numero nasce dall'Uno e questo deriva dallo Zero. In questo c'è un grande, sacro mistero: Dio è rappresentato da ciò che non ha né inizio né fine e proprio con lo zero non accresce né diminuisce un altro numero al quale venga sommato o dal quale venga sottratto, così Egli né cresce né diminuisce".
UNO: Non sai proprio più cosa inventare per darti potere, ma torna ai giorni nostri e prendi gli esempi che la vita ti offre.
ZERO: Di che esempi parli?
UNO: Dico che sei un numero imbarazzante!
ZERO: Ma imbarazzante sarai tu!
UNO: Ma no, pensaci, ti usano a fatica! Altrimenti come si spiegherebbe che sugli ascensori raramente il piano terra viene indicato con te e ti preferiscono R o T o, altro caso, le pubblicazioni partono sempre da me, dall'1, lasciando a te il posto per un eventuale numero di prova?
ZERO: Cerca sempre e solo casi che ti favoriscono mi raccomando?!?
UNO: Non è colpa mia, me li servono su un piatto d'argento; guarda la tastiera del computer o quella del telefono: i numeri sono tutti in ordine dall'1 al 9, mentre tu segui il 9 sul computer, e sul telefono vieni collocato in basso, separato dagli altri numeri.

ZERO: Smettila!

UNO: È ovvio che continui ad imbarazzarci. Se tutti sanno, come affermi tu, che dovresti precedere me perché ti tengono isolato, come un lebbroso?!?

ZERO: La tua è solo invidia perché la gente mi rispetta e mi usa con moderazione mentre su di te si sprecano, vali così poco che possono metterti ovunque.

UNO: È inutile, sei un diverso. Sei l'unico che non ha ancora deciso se essere positivo o negativo. Non hai carattere, non hai spina dorsale. Dimmi, dimmi sei pari o dispari?

ZERO: Io sono tutto in potenza, non devo scegliere perché sono *super partes*, sono l'inizio di tutto, una forza della natura.

UNO: Ma smettila! Tu sei nulla. Ad esempio 2+0=2 e 2-0=2 per cui qui sei nulla, non appari nel risultato. Se ti cacciano prima di un numero non lo cambi, 02 è uguale a 2 e anche qui non vali uno zero, ah ah.

ZERO: E vero ma ora allarga la tua piccola mente da uno! Se mi scrivono dopo ad un numero, uno qualsiasi, ecco che divento qualcosa, qualcosa di grandissimo. Sarò anche incomprensibile ma sono potentissimo, trovami un altro "nulla" che possa trasformare un piccolo numero in uno grandissimo!

UNO: Vero, uno a zero per te, ah ah!?! Scusa il gioco di parole... però ora ascolta me; se invece di precederti ti usano per moltiplicarsi rimangono nulla e addirittura se si dividono per te non ci sono risultati possibili, per quanto ci si sforzi a trovarli.

ZERO: Che dici?

UNO: Dico che non ha alcun significato dividere un numero per zero.

ZERO: Non è vero! Se si dividono per me tendono all'infinito! E cosa sei tu, stupido di un uno, rispetto ad un numero così grande che non si può contare; che aspira all'infinito. Solo io ho questo potere. E ti dirò di più; se si divide un numero per infinito qualsiasi numero aspira ad essere me: lo zero!!!

UNO: Ma per diventare infinito devi contorcerti e coricarti su un lato: ti snaturi!

ZERO: Che caro a preoccuparti per la mia salute, ma non è un tuo problema!

UNO: Allora ribatti a questo: se si elevano a te, per grossi che siano, il risultato torno ad essere io, l'uno.
ZERO: Su questo hai ragione...
Mi sa che possiamo andare avanti a litigare tutta la vita per trovare una soluzione; allora perchè non facciamo la pace e lasciamo vivere sereno anche il nostro caro padrone.
UNO: Ok! accetto, ma ad una condizione, io mi metto capofila e tu mi segui e, quando ho voglia di fare il grandioso, tu chiami altri cinque fratellini uguali a te e io, per un po', divento un MILIONE!?!?

Lieve e ricco di cultura insieme, questo corto teatrale, che si distingue per l'assoluta pulizia dei dialoghi, senza alcuna sbavatura, con un linguaggio decisamente semplice, "parlato" appunto. Un parlato che fa però i conti con l'infinito e la teoria dei numeri.

In realtà in questo corto, sotto l'apparente facilità di scrittura cova, oltre alla matematica, anche il fuoco di scienze meno dure, come la psicologia o addirittura la filosofia, dal *Codice di Salem* del secolo XII, con i suoi sacri misteri in poi...

A proposito, ve lo ricordate Melchisedec, il mitico Re di Salem, di cui parlava la Bibbia, e di cui parla ancora oggi Paulo Coelho ne *L'Alchimista*?

Gianna Paraluppi
Coup de foudre

PERSONAGGI:
GIGI e TANO, studenti universitari.

(conversazione telefonica tra Gigi, a casa sua con apparecchio fisso tradizionale, e Tano, nel laboratorio di fisica col cellulare. RUMORI: tuoni in lontananza. Suona il telefono di Gigi)

Drin! Drin! Drin!
GIGI: Sì...pronto!
TANO: Di' Gigi, sai niente di Paolo? L'aspettavo alle dieci al

laboratorio e sono ancora qui, in attesa, dopo due ore...

GIGI: È tutta colpa del *coup de foudre*!

TANO: Non fare lo str... upido con me! Ti metti a parlare come il Prof. di fisica, adesso ?

GIGI: Ma va, Tano! L'ho detto apposta alla "francese" per rifargli il verso. È stato proprio un colpo di fulmine!

TANO: Non dirmi che quel pirla c'è cascato ancora! Gli è appena passata la smania per l'Esterina! Con chi ce l'ha, adesso ?

GIGI: Allora non sai proprio niente, eh? Ne ha parlato perfino il TG! Paolo è all'ospedale!

TANO: Scherzi? All'ospedale? Si è beccato una sadica?

GIGI: Lo hanno trovato ieri pomeriggio, svenuto, nei pressi della pineta: tutto nudo!!!

TANO: Alla faccia dell'amore selvaggio!

GIGI: Gli è andata bene: ha subito solo uno *choc* e delle ustioni provocate da una specie di tatuaggio sulla pelle.

TANO: Un tatuaggio! Ma... tu mi stai prendendo per i fondelli, mi pare!

GIGI: Ti assicuro che è vero! Un tatuaggio che riproduce il disegno di un pino.

TANO: Ma cosa dici? Gli hanno inciso un pino? Cosa significa? Chi sarà stato? Questa è un'aggressione vera e propria! Mi sembra di sentir raccontare un giallo!

GIGI: Tano, Tano, mi fai cadere le braccia, testa di ca... volo, hai studiato i fenomeni elettrici per niente? Non ti ricordi più della lezione sui fulmini globulari, sulle esperienze dell'astronomo Flammarion e dell'altro francese Aragò?

TANO: Ah sì, quello che aveva tre nomi e il Prof. all'esame li voleva sapere tutti e tre: Francesco, Giovanni, Domenico Aragò.

GIGI: Già: Jean, Francois, Dominique Aragò, precisamente! Sento che li è tornata la memoria, non come al povero Paolo, ancora sotto *choc*.

TANO: Vuoi dire che è stato proprio il colpo di un "vero" fulmine che l'ha centrato?

GIGI: E io cos'ho detto? È mezz'ora che te lo ripeto!

TANO: Già, ieri c'è stato quel temporalaccio... (*rumore di tuono*) Beh anche oggi non c'è male!

GIGI: La scarica elettrica gli deve aver provocato la perdita di coscienza, per una improvvisa anemia dal cervello.

TANO: Caspita, anche tutti i rapporti nervosi che intercorrono tra i vari settori della materia cerebrale saranno andati in tilt!

GIGI: Eh, se le arterie si contraggono troppo a lungo...

TANO: Il cuore si arresta.

GIGI: Se la respirazione è sospesa, se i muscoli e tutte le membra vengono troppo sollecitati dalla tensione...

TANO: Si può arrivare presto alla morte. Questo lo so!

GIGI: Ma il nostro Paolo ha sempre avuto un bel "panaro"! Devono avergli praticato la respirazione artificiale in tempo.

TANO: E anche un massaggio cardiaco per far rifluire il sangue dai polmoni al cuore.

GIGI: Certo che doveva far senso quel corpo, tutto nudo, nel fango, dopo il temporale!

TANO: Mi son sempre chiesto: come mai gli abiti e le scarpe di chi è colpito dalle scariche si squarciano?

GIGI: Per il fatto che l'aria che sta fra pelle e stoffa, tra stoffa e stoffa, si scalda all'improvviso, aumenta di volume e *paff*! Scoppia e lacera gli indumenti; fa saltare persino le scarpe lontano dai piedi!

TANO: E quelle ustioni, quella specie di tatuaggi?

GIGI: È meraviglioso o terribile quel che può accadere durante un temporale! Talvolta attraverso la gigantesca camera oscura dello spazio, il bagliore della folgore fotografa sul corpo umano immagini di oggetti esistenti lì vicino.

TANO: Una foto vera e propria di un pino, impressa su una lastra sensibile: la pelle di Paolo! È incredibile: lui è irsuto come un gorilla!

GIGI: Immagini che puzza di strinato ha sparso attorno? Proprio come quando mia nonna bruciacchiava la peluria delle galline spennate sul gas!

TANO: Certo che con un tatuaggio del genere diventerà famoso: una vera attrazione per le ragazze! Sai le arie da Superman che si darà! Eh, potrebbe anche farsi pagare per una foto con lui!

GIGI: Paolo "l'invulnerabile"! Giove tonante l'ha colpito colla sua saetta, ma è rimasto solo tramortito, proprio come l'omonimo Paolo di Tarso, folgorato sulla via di Damasco!

TANO: Già, purché non si metta a predicare anche lui! Scommetto che gli amici romani, d'ora in poi, lo chiameranno "er pino".
GIGI: Scherza, scherza, intanto io non gli invidio le sue piaghe da ustione. Pare che avesse in tasca anche delle monete e le chiavi che si sono arroventate sul momento.
TANO: Gli è andata bene, va! Speriamo si rimetta presto: dobbiamo finire quella ricerca sulle proprietà termoelettriche dei corpi. Andrò a trovarlo domani.
GIGI: Sì, e per distrarlo, non gli parlare più dei baci di Esterina, che lui definiva "la sua carica elettrica negativa". Non vorrà più saperne di attrazioni e repulsioni elettriche e tanto meno di *coups de foudre* (*rumore di tuono*)
TANO: Hai ragione, con una tale carica atmosferica...
GIGI: Disruptiva...
TANO: Disrup... che?
GIGI: Sì molto, molto forte, "disruptiva". Calcolando la differenza di potenziale fra nuvole e terra...
TANO: La tensione potrebbe raggiungere milioni di volt...
GIGI: Con un'intensità fino a 15.000 ampère!
TANO: A questo punto, sai cosa penso? Penso che Paolo abbandonerà la ricerca. Mi troverò da solo. In questo caso mi aiuteresti tu? Facci su mente locale...
(*rumore fortissimo di tuono – buio in sala*)
Pronto...cosa ne dici?
GIGI: (*facendo luce con un accendino*) Pronto Tano, mi senti? Pare di no! Questo fulmine doveva essere vicinissimo, saran partiti anche i fusibili!
TANO: Gigi? Sei ancora vivo?... La comunicazione è andata! (*chiude*)
GIGI: I colpi di fulmine, atmosferici o sentimentali che siano, sono sempre troppo troppo pericolosi!!!

Un vero fulmine che "becca" il nostro eroe, dopo tanti colpi di fulmine femminili. E con un linguaggio che rispecchia le giovani generazioni vengono forniti tutti i particolari "scientifici" di una vicenda esilarante, in cui il vezzo di ripassare le lezioni dei due studenti fa da ispirazione per offrirci vari e spassosi spunti comici, oltre che scientifici.

Paola Fior
La donna che sussurrava ai virus

PERSONAGGI:
PAOLA, VIRUS, ALTRI PERSONAGGI

(L'attrice tiene il dito indice orizzontale davanti agli occhi e parla guardando il dito)

PAOLA: Se mi è riuscito con la farfalla di Bardonecchia, per-ché non dovrebbe riuscirmi con te, Virus? Oddio, con la far-falla era facile guardarci nelle antenne e con te, sì, insomma, microbo come sei, ce ne vuole di fantasia, però...
VIRUS: Piccolo? Io? Sei tu che sei grande. E cambia pure tono: tu, per me, sei finitamente grande. Io, per te, senza micro-scopio, *sorry*, senza microbo-scopio, sono piccolo infi-nitamente.
PAOLA: Piccolo, ma pepato.
VIRUS: Mi conservo bene.
PAOLA: Posso chiamarti "Viro"? Sarà volgare, ma è più nostrano.
VIRUS: Mi piace. Anche "Vir Viri Virum" mi piace. Anche...
PAOLA: Dunque, seguimi.
VIRUS: Ti seguo!
PAOLA: Se è vero, come è ufficialmente vero, Viro, che sei stato uno dei capostipiti della vita sulla Terra, è incontroverti-bilmente vero che io ho in me qualcosa anche di te...
VIRUS: La pepatura. Va' avanti!
PAOLA: Ne deduco quindi che, anche se tu sei rimasto di altra natura, deve essere possibile, per me, comunicare con te.
VIRUS: Dài, che ci sei!
PAOLA: Tu, con me, non hai problemi, garantito: comunichi. E non vai tanto per il sottile! Li batti tutti gli ospiti scomodi, tu e le tue orde barbariche... Ti avrei ammazzato, in passato, ogni volta che sentivo i brividi dell'influenza!
VIRUS: Il passato è morto. Giochiamo pure a comunicare. Comincia tu!
PAOLA: Pussa via! Via! Via! Vattene!
VIRUS: No!

PAOLA: E dove ti metto? In borsetta? Sulla groppa?
VIRUS: Il viretto, dove lo metto...
PAOLA: Devo tenerti al guinzaglio con la museruola?
VIRUS: No!
PAOLA: Vuoi la guerra? Hai cominciato tu!
VIRUS: No, hai cominciato tu!
PAOLA: Tanto sono io la più forte!
VIRUS: No! Sono più forte io!
PAOLA: Ok, Virucolino: hai vinto, se tu suoni le tue trombe, io suonerò le mie chitarre, farò come con certi pensieri parassiti che grandinano contro i vetri che ancora un po' li spaccano... Forza è anche deporre le armi e usare solo lo scudo dell'amore...
VIRUS: Ecco, brava, prendiamoci a braccetto!
PAOLA: Ecco, bravo: io ti do il dito e tu mi prendi il braccio! Manco morta! Per strada poi pensano che abbia un braccio anchilosato! E me lo ritrovo pieno di firme...
VIRUS: Anchilosato è il tuo cervello!
PAOLA: Ma che t'ho fatto io, si può sapere? Se è vero, Viro, che chi attacca lo fa solo per paura, di cosa diavolo hai paura, tu?
VIRUS: "Chi è forte non può fare il debole e due forti che si scontrano diventano entrambi più forti" (Terzani).
PAOLA: Ma io non voglio che tu diventi "più forte". Mica scema!
VIRUS: Fa' come me: forza è anche essere semplici. La semplicità è la forza dei vir–tuosi, dei creativi.
PAOLA: Fammi un esempio.
VIRUS: Prendi un'idea semplice semplice e mettila alla base del tronco di un diagramma ad albero: quello è il momento della sua massima libertà: di crescere, di divenire, di mutare. Poi comincia a dividersi e ogni ramificazione è un condizionamento, una palla al piede. Alla fine non può più muoversi.
PAOLA: Ma una persona... più è semplice, più è manipolabile...
VIRUS: Non sto parlando dei sempliciotti che non scelgono di mutare. Devi ripartire ogni attimo dalla tua semplicità. La complicazione è il tallone di Achille di certi evoluti: pensa alle corna...
PAOLA: A che?!

VIRUS: Di un cervo! Più sono ramificate e più si impigliano in altri rami... Esopo insegna, oppure Fedro, non lo ricordo.
PAOLA: La tua forza è forse la libertà?
VIRUS: La mia non è vera libertà. Io non ho scelta. Ha ragione, la Chiara dottoressa. Posso solo riprodurmi e, se muto, è solo per riprodurmi. Riprodurmi... riprodurmi... Che palle!
PAOLA: Al piede!
VIRUS: Beata te, che puoi virare per evolverti, per liberarti dagli incantesimi. È da spiriti liberi anche cambiare opinione sui virus. È raro che qualcuno ci parli.
PAOLA: Non si può vivere il presente servendo il passato. Se ci parliamo, magari... anche tu, Virolino, prendi coscienza e muori...
VIRUS: Che?!
PAOLA: come virus! E rinasci come... chissà... Magari, se ti dò un bacio, ti trasformi...
VIRUS: In un rospo!
PAOLA: Facciamo direttamente in un principe! E se il lupo di Gubbio fosse stato proprio un virus?
VOCE A: Ma cosa fa quella lì che va in giro baciandosi il dito?
VOCE B: Eh, tutti i gusti son gusti!
VOCE C: Manicomio è scritto di fuori, non di dentro!
PAOLA: Non di dentro! L'Andrea dottore mi ha detto che con i virus produco fattori di crescita e di cicatrizzazione.
VIRUS: E ci voleva un medico, per capirlo? *Nosce te ipsum!* Pace?
PAOLA: Pace.
VIRUS: Amici?
PAOLA: Amici. Mi porgi il braccio? Dì un po', amico: l'ultima volta hai giocato sporco, eh, attaccarmi proprio durante le Olimpiadi... Ti venisse! Ma, in confidenza, non ti ho ricambiato il favore: non ti ho certo voluto, ma non ti ho nemmeno rifiutato. Ho lasciato che ti moltiplicassi senza mettere barriere alla tua velocità... di riproduzione.
VIRUS: Credevi che non me ne fossi accorto? È lì, che, senza saperlo, hai cominciato a comunicare con me. Mi hai fregato: alla settima generazione ero talmente esausto che ho abbandonato il campo. Anche perché non servivo più.
PAOLA: E io in tre giorni me la sono cavata.

VIRUS: E non ho affatto giocato sporco. Eri piena di vacùoli che dicevano "Prego, si accomodi!". La tua unità l'avevi mandata a farsi benedire!... Quando me ne sono andato, tu non sei guarita dall'influenza, ma dalla tua debolezza, e sei "cresciuta".

PAOLA: Hai capito... ma dimmi tu... Ok, Virolino, d'ora in poi, se mi attaccherai, penserò che mi stai aiutando a "divenire". Più forte... E non certo contro di te!

VIRUS: Se ti attaccherò, sarà per ri-attaccare i labbri delle tue ferite. E quando vorrai fare il vuoto, che sia un vero vuoto come Dio comanda, così grande, così infinito, per me, che mi ci perderei... Mi perderei come virus, ma mi ritroverei come... chissà...

PAOLA: Mi scapperà ancora di lasciare qualche mini vuoto dentro di me.

VIRUS: Be', adesso lo sai: quei brividini da influenza in arrivo non son altro che ... "brividi... brividi... d'amor"!

Piacevolissimo scambio di battute fra una donna un po' folle e un virus, anzi un Virus. O forse faremmo meglio a descriverlo come *Il Virus*.

L'autrice sceglie questo argomento per introdurre la medicina omeopatica, argomento difficile, e a volte – ma non sempre – ostico alla medicina ufficiale. Il linguaggio è semplice, ma sa di studi e di meditazioni, e non vi mancano alcuni garbati e ironici giochi di parole.

Luisa Spairani
Attenti al gatto

SCENA UNICA

(Una stanza arredata stile anni 30 con un grosso scatolone, una donna sola si aggira nervosamente. Bussano)

ANNA: *(voce mesta)* Chi è? È di nuovo la Protezione Animali?

VOCE FUORI CAMPO DELLO STUDENTE: No, sono il suo nuovo vicino di casa, signora ANNA, vorrei entrare.

ANNA: Come fa a sapere il mio nome? (*Voce perplessa. Pausa e poi va ad aprire*): Entri pure!

STUDENTE (*entra*): Buonasera, posso presentarmi? Studio con suo marito e lui mi ha detto che sarebbe stata lieta di conoscermi e di aiutarmi.

ANNA: Ah davvero! (*A Bassa voce*) Ancora il solito trucco di Erwin di trovarmi uno che mi tiene occupata intanto che lui se la intende con una sua amichetta.

STUDENTE: Signora il tono della sua voce mi sembrava preoccupato, perché teme la protezione animali?

ANNA: Perché è da un po' di tempo che mi controllano per via dell'esperimento con il gatto di mio marito, sì il gatto di Erwin...

STUDENTE: Mi spieghi meglio: cosa ha fatto suo marito con un gatto?

ANNA: Prima di tutto qui non c'è nessun gatto in pericolo (e *osserva un scatola posta in un angolo con sguardo dubbioso*); mio marito ha solo proposto un esperimento mentale.

STUDENTE: Ah, un esperimento mentale, un ragionamento ipotetico che si basa su cercare una risposta alla domanda cosa accadrebbe se... (*tono sospensivo*)!

ANNA: Già, però ho fatto fatica la volta scorsa a spiegare all'ente della Protezione Animali che mio marito non ha davvero messo un gatto in una scatola chiusa insieme a un marchingegno composto di una fiala di veleno e un martelletto, azionato a sua volta dal decadimento di un atomo radioattivo.

STUDENTE: Scusi, ma suo marito ha rinchiuso il gatto nella scatola?

ANNA:No! Lo ha solo immaginato. Pare che il decadimento di un atomo radioattivo sia un fenomeno sul quale la scienza non è in grado di fornire previsioni certe, ma solo probabilistiche. All'atto pratico, è impossibile sapere prima se e quando un certo atomo decadrà. (*Chiama il gatto*) Zombie?

STUDENTE: Quindi il fatto che il veleno si sprigioni a causa dell'azionamento del martelletto (e incidentalmente uccida il misero gatto) è legato ad un evento che noi, dall'esterno, non possiamo prevedere.

ANNA: Proprio così. Il senso comune ci rende certi che, qualunque cosa sia successa all'interno della scatola, il gatto dopo un certo tempo sarà o vivo, come lo abbiamo lasciato, o morto per avvelenamento. Ma la logica quantistica sconfessa questa asserzione così banale e apparentemente inconfutabile... Zombie? dai, fatti prendere (*si china a cercare il gatto*).

STUDENTE: Aspetti che l'aiuto (*si china a cercare il gatto*)... Dunque, proprio alle lezioni di suo marito ho scoperto che nella meccanica quantistica ad ogni oggetto, sia esso un elettrone o un gatto, è associata una somma di stati, ognuno con una sua probabilità, che dipende dalla complessità dell'oggetto considerato...

ANNA: ... e nel caso del gatto, composto da miliardi di miliardi di atomi, questa complessità in pratica è infinita.

STUDENTE: ... (*tono didattico*) e questa somma di molte possibilità descrive interamente lo stato del sistema preso in esame e si presta a più soluzioni, una delle quali deve rispondere a quanto noi osserviamo.

ANNA: (*si rialza*) Insomma proprio quando andiamo a verificare il risultato di un esperimento, osserviamo un valore tra tutti quelli possibili e quindi tutte le altre soluzioni vengono scartate. Nel caso del gatto, l'atto di aprire la scatola determina il suo "collasso" in vivo o morto.

STUDENTE: Il gatto allora è vivo o morto prima di aprire la scatola?

ANNA: Il gatto è 50% vivo e 50% morto. In fondo la somma di molte possibilità rappresenta in parte un fatto e in parte la nostra conoscenza del fatto.

STUDENTE: Strano ma vero è che, quando il sistema assume un valore a seguito di una misurazione, questo valore è lo stesso per ognuno di noi. Se noi vediamo il gatto vivo qualunque altro lo vedrà vivo (a meno che noi o l'altro non siamo allucinati). (*tono ironico*)

STUDENTE: (*Pausa e pensieroso*) Ma è sicura che si tratti di un esperimento ideale?

ANNA: Sì, si tratta di un esperimento solo pensato, ma non realizzato per davvero eppure molti ancora non lo capiscono e mi mandano a casa la Protezione Animali a verificare. (*si accuccia*) Dai, vieni Zombie.

STUDENTE: Perché suo marito ha ideato questo esperimento? Non mette in dubbio la teoria che proprio lui ha proposto?

(*tono sospettoso*) Siamo sicuri che non ci sia qui una scatola con dentro il povero gatto (*guarda in direzione della scatola*)?

ANNA: La storia di questo paradosso è curiosa. Erwin lo ha ideato proprio per dimostrare i limiti della teoria quantistica.

STUDENTE: Quindi anche lui ha dei dubbi?

ANNA: (*si rialza*) Lui sa bene che l'impossibilità di prevedere il comportamento di una particella elementare non vale per i sistemi composti da tanti atomi riuniti. Per questi, si può sapere con esattezza che cosa e quando accadrà in essi.

STUDENTE: Quindi: (*scandisce le parole*) non deve avere peso la nostra esperienza del mondo reale che ci fa ritenere i due stati possibili del gatto (morto o vivo) (*enfasi su o*) auto-escludentisi... (*cambio di tono*) Ma chi è questo Zombie?

ANNA: Ma è il mio gatto, no? Un morto vivente... vada avanti per favore.

STUDENTE: Ahh, il gatto... È proprio l'osservazione che causa il collasso; fino al momento prima, esiste solo una somma dei molti stati possibili (morto e vivo). (*enfasi su e*)

(*Squilla il telefono, ANNA risponde e parla sottovoce poi ritorna al centro della scena*)

ANNA: (*in tono leggero*) Basta con questi discorsi così seri. Mi sembra di essere entra in un tunnel senza via d'uscita (*accompagnandolo alla porta*); spero che lei ritorni per prendere un tè assieme e parlare di argomenti più frivoli. (*si ode un miagolio*)

STUDENTE: (*In tono sollevato*) Ah, meno male che il gatto sta bene.

ANNA: Ma certo, ne dubitavate? (*tono tra il sospettoso e lo speranzoso*) Ma davvero non l'ha mandato mio marito per tenermi compagnia?

STUDENTE: No! Che dice mai!

ANNA: Peccato!

STUDENTE: Ero venuto solo per presentarmi e forse anche per mettermi in buona luce con il professore ma parlare con lei è stato altrettanto stimolante. (*ANNA si stringe nervosamente le mani*)

STUDENTE: (*rientra al centro della scena assieme ad ANNA*) Ma come mai lei è così nervosa? non può essere solo per il gatto.

ANNA: No infatti; è che sono in partenza per Stoccolma devo accompagnare Erwin a ricevere il premio Nobel e devo essere carina e gentile, nascondendo il fastidio di vivere con un uomo che esce... con donne molto, molto giovani (*rabbia e rancore*)

STUDENTE: Non ci pensi.

ANNA: (*voce rancorosa*) E pensare invece che fino a 38 anni mio marito non ha fatto nulla di importante, e poi è andato via con una delle sue amiche (*tono amaro*) per le vacanze natalizie in montagna e se n'è tornato con una bella equazione, mentre io ero qua sola (*pausa*) a Natale. Si vede che l'amica gli ha dato la giusta ispirazione (*amarezza nel tono*). Forse era proprio lei quella che ogni tanto telefona e che vuole parlarmi.

STUDENTE: Che strano, quasi tutti i fisici teorici hanno idee rivoluzionarie in giovane età e invece il professore...

ANNA: (*tono vago*) Ah sì, Dirac e Heisenberg furono accompagnati dalle loro madri a ricevere il premio Nobel.

STUDENTE: Posso sperare che un giorno anch'io...

ANNA: Ma certo... (*sospensione*). Sono nervosa al pensiero di stare in mezzo a tanti scienziati. Siccome non riusciamo a smettere con gli argomenti seri, mi può aiutare ancora con la teoria quantistica? Conosco bene solo tutto quello che c'entra con il mio gatto.

STUDENTE: Beh, credo di sì.

ANNA: Allora me la riassuma, intanto che preparo il cibo per Zombie. (*traffica con una scatola*)

STUDENTE: Nel 1925 la teoria quantistica ha modificato la teoria classica secondo cui ogni cosa era un continuo, l'energia poteva assumere un valore qualunque e la luce non era altro che un'onda.

ANNA: E allora? Passami la ciotola dell'acqua, posso darti del tu?

STUDENTE: Sicuro. (*passa la ciotola*) Allora la teoria quantistica ha soppiantato queste idee. Energia e materia ammettono solo certi valori. L'universo di atomi con nuclei ed elettroni è grumoso come un risotto, non è come un purè di patate. Gli elettroni in un atomo occupano orbite; possono saltare da un'orbita all'altra ma non possono stare in una intermedia.

ANNA: (*Si blocca*) Per esempio dove vanno gli elettroni quando passano da un'orbita e ad un'altra? E quale sono le regole che governano il salto quantico?

STUDENTE: Bisogna abbandonare l'idea di causa ed effetto e pensare in termini probabilistici. Non è facile. Se mai si facesse un'autopsia su quel benedetto gatto, morto nell'esperimento, no non il suo gatto, mostrerebbe che il momento della morte precederebbe quello in cui si è aperta la scatola.

ANNA: Nel diffondersi, il paradosso del gatto ha perso la sua funzione ed è diventato una specie di "incantesimo". Alcune persone sono davvero convinte che (*scandisce le parole*) aprire la scatola determini la sorte del gatto, compreso mio nipote, che vuole provare con il mio Zombie.

STUDENTE: E questa incertezza per la sorte del gatto non si riflette anche nella visione di tutto il mondo fisico? L'indeterminazione mi innervosisce.

ANNA: È naturale... C'è di che riflettere. È ovvio che possiamo vivere accontentandoci di poche certezze. Possiamo anche scegliere l'ignoranza. (*prende in braccio il gatto*)

STUDENTE: (*tono indispettito*) È una scelta da accettare se non addirittura da rispettare: l'ignoranza è rassicurante, offre un riparo eccellente, tre o quattro frasi dicono tutto quello che c'è da sapere per vivere un po' di tempo in questo mondo.

ANNA: O meglio per vivere e morire rimanendo ai margini del mondo, un mondo che non è semplice.

STUDENTE: Che è tutto meno che semplice. È per questa ragione che disorienta e intimorisce.

ANNA: (*tono riflessivo*) Non solo per la fisica il mondo non è semplice, anche per... (*squilla il telefono*) Tienimi il gatto. (*Glielo passa e lo STUDENTE esamina il gatto. ANNA va a rispondere, poi si gira lentamente verso lo STUDENTE*)

ANNA: (*sguardo fisso*) Era Erwin. Voleva sapere se la sua telefonata ha fatto precipitare il nostro stato in amanti o in nemici.

.

L'autrice punta in alto, con un coraggio da leonessa

Affronta infatti uno degli argomenti più spinosi e difficili di tutta la fisica del Ventesimo secolo: la Meccanica quantistica, con le sue trappole e i suoi paradossi.

Qui l'esperimento del *gatto di Schroedinger* è trattato con spirito
e brio, senza nessuna soluzione semplicistica, ma con l'importanza che gli è dovuta. E se si deve proprio "diffondere" la cultura
("divulgare" pare sia diventato una parolaccia) allora ecco l'argu-
zia di porre davanti a noi l'universo fatto a mo' di risotto, e non di
purè di patate...

Marco Monteno
Arlecchino e il colore dei quark

SCENA 1

*(La principessa è seduta davanti ad un computer.
Trafelato entra Arlecchino)*

PRINCIPESSA: Eccoti Arlecchino, finalmente... era ora che
arrivassi!!
ARLECCHINO: Mia cara principessa, sapessi che corsa che
ho fatto! Ma qual è il motivo di tutta questa fretta?
PRINCIPESSA: Vieni qui e ascoltami. Ti ricordi che avevo
deciso di organizzare una festa per il mio compleanno?
ARLECCHINO: Beh sì, ora che me lo dici me lo ricordo!
PRINCIPESSA: Ovviamente quella sera sarò in vista... E non
voglio proprio che le mie amiche possano dire qualche catti-
veria su come sono vestita!
ARLECCHINO: *(pensoso)* A volte voi ragazze date troppa
importanza ai vestiti...
PRINCIPESSA: Insomma... ho deciso di cercare qualcosa di
originale da indossare alla mia festa. Quella sera voglio essere la ragazza più elegante e più carina!!!
ARLECCHINO: *(ossequioso)* Ma tu già lo sei tutti i giorni, principessa...
PRINCIPESSA: Zitto Arlecchino, e continua ad ascoltarmi...
Ebbene, che cosa potevo fare? Sono una principessa al
passo con i tempi, e quindi ovviamente ho fatto una ricerca su Internet!!! Usando le seguenti parole chiave: "top
model bellezza fascino colore". E sai che cosa è venuto
fuori?

ARLECCHINO: Non lo so... dimmelo tu!! Il nome del sarto di Naomi? O il numero di telefono del parrucchiere di Madonna?

PRINCIPESSA: Spiritoso... Ma no, guarda!!! (e *gli indica lo schermo del computer*). È venuto fuori un intero capitolo di Wikipedia, l'enciclopedia della Rete, dedicato ai quark...

ARLECCHINO: E di che si tratta? Di un nuovo gruppo rock?

PRINCIPESSA: Ma no, zuccone... I quark sono delle particelle elementari! A dire il vero prima neanch'io sapevo cosa fossero... ma l'enciclopedia lo spiegava molto bene. Pare che siano delle particelle minuscole che compongono tutta la materia di cui siamo fatti...

ARLECCHINO: (*si gratta la testa*) Ma la materia non è fatta di atomi?

PRINCIPESSA: Beh sì... Ma in realtà i fisici hanno scoperto che gli atomi a loro volta sono costituiti da una specie di nube all'interno della quale si muovono gli elettroni, e da un piccolissimo nucleo composto da protoni e neutroni, legati tra loro da una forza molto intensa.

ARLECCHINO: La forza nucleare!

PRINCIPESSA: Sì, ma di un tipo particolare che si chiama interazione forte. Perché poi ce n'è un'altra molto più debole, che infatti viene chiamata interazione debole, e che spiega perché alcuni elementi sono radioattivi.

ARLECCHINO: Mamma mia che paura...

PRINCIPESSA: Uff... non c'è nulla di cui aver paura, ti sto solo spiegando com'è fatta la materia! Ebbene, come ti dicevo il nucleo di ogni atomo è formato da protoni e neutroni. A loro volta i protoni e i neutroni sono costituiti da particelle ancora più piccole, i quark. E per la precisione in ogni protone ed in ogni neutrone ci sono tre quark.

ARLECCHINO: Chi l'avrebbe mai detto...

PRINCIPESSA: Sì, ma la cosa che più mi ha colpito di questi quark è che ce ne sono di diversi sapori. E ognuno di questi sapori a sua volta può presentarsi in vari colori!

ARLECCHINO: Fantastico!! Sono delle particelline davvero interessanti questi quark! Come dire che la materia è formata da una moltitudine di gustose caramelline colorate!

PRINCIPESSA: Appunto Arlecchino... (*sorridendogli*)

ARLECCHINO: Che cosa vuoi dire, principessa? Non capisco... Tutto ciò che mi hai detto è molto interessante. Però non capisco... che cosa c'entra tutto questo con il fatto che devi organizzare una festa? Ma soprattutto (*assumendo un'espressione preoccupata*), che cosa c'entro io?
PRINCIPESSA: Beh, Arlecchino... chi conosce i colori meglio di te?? Tu (*con voce suadente*) sei l'unico che mi possa aiutare.... Insomma, procurati un po' di queste piccole particelle colorate, e portamele!
ARLECCHINO: Non capisco, principessa... Perché sei tanto ansiosa di procurarti queste particelle? A che cosa possono servirti?
PRINCIPESSA: (*sorridendo*) Le voglio incollare su di una T-shirt... che così assumerà tonalità di colore uniche e inimitabili!! E che ovviamente indosserò alla mia festa!!
ARLECCHINO: Ho capito, principessa... Allora corro a cercarti questi nuovi colori, e vedrai che non rimarrai delusa!

SCENA 2

(*Arlecchino è al mercato, davanti ad un banco di frutta e verdura, e sta toccando la merce. Interviene la fruttivendola*)

FRUTTIVENDOLA: Ehi... ma io ti conosco, tu sei Arlecchino! Però, abbi pazienza, non puoi toccare la merce senza infilarti il guanto!!
ARLECCHINO: Oh, scusami davvero tanto, mi sono fatto prendere dalla fretta...
FRUTTIVENDOLA: Non importa... ma comunque posso servirti io! Di che cosa hai bisogno?
ARLECCHINO: Beh, non so se mi potrai aiutare... Sto cercando di raccogliere dei quark colorati da portare alla mia amica principessa...
FRUTTIVENDOLA: E perché ti è venuto in mente di cercare questi "quark" (*enfatizza sorridendo*) in mezzo alla mia frutta ed alla mia verdura, Arlecchino?
ARLECCHINO: Beh, dove posso trovare tutti i colori che mi servono se non qui? Per il rosso ci sono le ciliegie, le fragole, le pesche, le susine, i pomodori... Per il verde ci sono i

fichi, l'insalata, le zucchine, le olive... Per il giallo le banane e i pompelmi, e per l'arancione ovviamente... (*ridacchiando*) le arance! E poi le melanzane e certi tipi d'uva per il violetto, e la polpa della banana o delle mele per il bianco!!! Qui ho tutti i colori che mi servono. Se i quark sono particelle che hanno un colore, e pure un sapore... allora qui ce n'è di tanti tipi, e... (*sospirando*) devo solo capire come fare per tirarli fuori!

FRUTTIVENDOLA: Ma Arlecchino, ti stai sbagliando di grosso! I quark sono sì particelle dotate di una proprietà che viene chiamata colore... Ma questo non c'entra nulla con i colori che vediamo con i nostri occhi!

ARLECCHINO: E tu come fai a saperlo???

FRUTTIVENDOLA: Beh, per fortuna io non passo tutto il mio tempo a vendere frutta al mercato... Sono anche una studentessa di fisica, all'Università... ed ho seguito recentemente un corso di "Fisica delle particelle elementari" dove ho imparato queste cose.

ARLECCHINO: Ma allora, se non sono i quark, che cosa è che dà un colore alle cose?

FRUTTIVENDOLA: È la luce che viene riflessa dagli oggetti. Il colore della luce dipende dall'energia trasportata dalle "particelle di luce", che sono chiamate fotoni. La luce del sole invece appare bianca perché è una sovrapposizione di tanti colori.

ARLECCHINO: E allora perché un pomodoro ci appare di colore rosso?

FRUTTIVENDOLA: Perché il pomodoro riflette la luce rossa, e invece assorbe i fotoni della luce di tutti gli altri colori!

ARLECCHINO: D'accordo... ma perché questo succede?

FRUTTIVENDOLA: Perché ogni sostanza è fatta da gruppi di atomi, chiamati molecole. E quando queste assorbono luce, i loro elettroni passano a livelli d'energia superiori... ma solo a certi livelli!

ARLECCHINO: E questo come facciamo a saperlo??

FRUTTIVENDOLA: Beh, ce lo insegna una teoria chiamata Meccanica quantistica... E se le cose stanno così, allora potrà venire assorbita solo la luce di determinati colori! Quella che invece sarà riflessa darà il suo colore agli oggetti!

ARLECCHINO: Ah, adesso ho capito! O almeno, forse...

Ma allora, che razza di colore è quello dei quark? Finora ho solo capito che i quark sono particelle piccolissime che stanno nascoste dentro i protoni e i neutroni del nucleo dell'atomo... Ma che cosa vuol dire che hanno un colore... e pure un sapore?

FRUTTIVENDOLA: Ma no, Arlecchino... stai attento! I fisici sono dei buontemponi, e a volte amano dare alle cose dei nomi suggestivi ed un po' pittoreschi... ma che hanno un significato completamente diverso da quello abituale...

ARLECCHINO: Dunque non esistono quark gialli come una banana... o con il sapore di una fragola?

FRUTTIVENDOLA: Assolutamente no!! Il fatto è che per spiegare le proprietà dei protoni e dei neutroni fu subito necessario ipotizzare due tipi di quark, che vennero chiamati "up" e "down", cioé "su" e "giù" in inglese. Si disse così che vi erano due sapori di quark...

ARLECCHINO: Insomma, si sarebbe anche potuto dire che c'erano due diversi "profumi" di quark... tanto per dargli un bel nome!

FRUTTIVENDOLA: Esattamente, Arlecchino... vedo che inizi a capire! Ma comunque, le ricerche sono andate avanti... E usando delle macchine gigantesche capaci di accelerare particelle ad altissime velocità e di farle scontrare tra di loro, i fisici sono riusciti a creare delle nuove particelle. E così hanno capito che alcune erano formate da nuovi sapori di quark...

ARLECCHINO: E quindi quanti sapori di quark ci sono?

FRUTTIVENDOLA: Ce ne sono sei, Arlecchino! Oltre al "su" ed al "giù", sono stati scoperti il quark "stranezza" e poi quelli chiamati "fascino" e "bellezza". Ed infine il più pesante di tutti, il quark "verità"! Ma per gli ultimi due si usano anche altri nomi: "basso" e "alto" (oppure in inglese: "bottom" e "top"). Ma non è finita qui...

ARLECCHINO: Eh sì, mi devi ancora spiegare la questione del colore!

FRUTTIVENDOLA: Infatti... perché poi si è scoperto che ogni quark, di qualunque sapore, può essere di tre tipi diversi, chiamati colori.

ARLECCHINO: Non capisco... Perché i quark si devono distinguere anche per il loro colore?

FRUTTIVENDOLA: Beh, i quark sono particelle microscopiche,

che devono rispettare le leggi della Meccanica quantistica. E quindi sono descritti da funzioni matematiche che devono rispettare certe simmetrie. E ciò può avvenire solo se hanno una caratteristica aggiuntiva, che si è scelto di chiamare colore.

ARLECCHINO: Tanto per complicarmi le idee...

FRUTTIVENDOLA: Vabbé Arlecchino... ormai avrai capito che nelle teorie scientifiche spesso le parole hanno un significato diverso da quello che uno si aspetta!

ARLECCHINO: Sì, questo l'ho capito... ma perché il colore dei quark è così importante?

FRUTTIVENDOLA: Perché è proprio a causa del colore che due quark interagiscono! E quando lo fanno, si scambiano il loro colore mediante l'azione di una particella intermediaria, anch'essa colorata, che viene chiamata gluone, e che in pratica serve a tenere i quark incollati tra loro.

ARLECCHINO: E infatti in inglese "glue" vuol dire colla, no?

FRUTTIVENDOLA: Proprio così, Arlecchino! Si vede che sei un uomo di mondo!

ARLECCHINO: Sì... e oggi ho imparato anche un sacco di cose! Ma alla fine però tutte queste conoscenze non mi aiuteranno ad accontentare la mia principessa... (e assume un'espressione triste).

FRUTTIVENDOLA: Ma no... la situazione non è così disperata come credi... Vieni qui... Permettimi di darti un suggerimento (e gli bisbiglia qualche parola all'orecchio. Arlecchino ascolta con attenzione. La sua espressione da delusa si fa di nuovo sorridente. E corre via esultante).

ARLECCHINO: Grazie amica mia, penso che tu mi abbia davvero salvato!

SCENA 3

(Arlecchino torna dalla principessa; entra nella sua stanza con un mazzo di fiori ed un piccolo pacchetto)

PRINCIPESSA: Finalmente sei tornato, Arlecchino! Che bei fiori, grazie! Ma... cosa c'è dentro quel pacchetto? (sorride raggiante) Non mi dirai che sei riuscito a portarmi qualche quark colorato!

ARLECCHINO: Ascoltami, principessa... non è stato così semplice come pensavo... E insomma, no... (*imbarazzato*) A dire il vero non ho potuto portarti le particelle che desideravi... Ma lascia che ti spieghi tutto...

PRINCIPESSA: Uff... (*delusa*) sentiamo la scusa che sei riuscito a trovare... (*intanto stringe il mazzo di fiori*).

ARLECCHINO: Vedi principessa... il fatto è che i quark sono delle particelle microscopiche, troppo piccole per poter essere viste... nemmeno con il microscopio più potente!

PRINCIPESSA: E allora come si fa a sapere che sono colorati, se nessuno li ha mai visti? Ed io che ci tenevo tanto ad averne uno...

ARLECCHINO: Perché il colore dei quark non ha nulla a che fare con i colori a cui siamo abituati.... come questi ad esempio... (indicando i riquadri colorati del proprio vestito).

PRINCIPESSA: Ah sì...? (*con l'aria un po' scocciata*). E allora di che razza di colori si tratterebbe?

ARLECCHINO: Il colore dei quark è solamente un tipo speciale di carica che genera delle forze tra i quark, trasmesse mediante lo scambio di un altro tipo di particelle colorate... i gluoni. Ma c'è qualcosa di veramente strano in queste forze...

PRINCIPESSA: Uhm... e che cosa?

ARLECCHINO: La teoria che descrive le forze di colore, la Cromodinamica Quantistica, stabilisce che le particelle colorate sono costrette a rimanere confinate dentro particelle più complesse, come i protoni ed i neutroni, cioè particelle che non hanno un colore. E solo queste ultime possono essere viste, o meglio... registrate in appositi esperimenti.

PRINCIPESSA: E questo come lo si può spiegare?

ARLECCHINO: Beh... con il fatto che le forze di colore crescono con l'aumentare della distanza tra i quark.

PRINCIPESSA: Non capisco...

ARLECCHINO: Pensaci un attimo... Se qualcuno cercasse di estrarre i quark rinchiusi dentro un protone, ad esempio (*alzando un po' il tono della voce*) per regalarli ad una principessa capricciosa...

PRINCIPESSA: (*facendo l'offesa*) Non mi prendere in giro, Arlecchino!

ARLECCHINO: Era solo per fare un esempio... Comunque

dicevo che se anche uno ci provasse, non ci riuscirebbe mai! Infatti, ad ogni tentativo di separare i quark, crescerebbe la forza che li tiene insieme!

PRINCIPESSA: Ma allora mi stai dicendo che i quark e i gluoni sono come prigionieri dentro i protoni e i neutroni!! E che non c'è nessuna speranza di liberarli!

ARLECCHINO: No, in realtà questo non è del tutto vero. La Cromodinamica Quantistica prevede che se la materia nucleare viene riscaldata ad altissime temperature oppure viene fortemente compressa, si può trasformare in un plasma di quark e gluoni.

PRINCIPESSA: E che cosa sarebbe questo plasma?

ARLECCHINO: Un nuovo stato della materia in cui quark e gluoni possono muoversi liberamente, e che potrebbe essere già esistito nei primi istanti di vita dell'Universo, subito dopo il Big Bang! Ed è proprio questo stato della materia che i fisici di ALICE, un esperimento al CERN di Ginevra, stanno cercando di ricreare nei loro laboratori.

PRINCIPESSA: Ah... e come pensano di riuscirci?

ARLECCHINO: Facendo scontrare tra loro dei nuclei di piombo dotati di un'energia grandissima, raggiunta dopo aver compiuto molti giri dentro l'acceleratore LHC...

PRINCIPESSA: E com'è fatto questo acceleratore?

ARLECCHINO: Sostanzialmente si tratta di due tubi di forma circolare, con una circonferenza lunga ben 27 km, e situati dentro una galleria scavata sottoterra nei pressi di Ginevra, proprio a cavallo del confine tra Francia e Svizzera. Dentro di essi viaggeranno due fasci di nuclei di piombo fatti circolare in direzioni opposte, e poi fatti intersecare in alcuni punti, dove avverranno le collisioni.

PRINCIPESSA: Fantastico... e che cosa dovrebbe succedere durante queste collisioni?

ARLECCHINO: In ogni collisione tra questi nuclei si produrranno migliaia di particelle, che verranno proiettate in tutte le direzioni. Ed i fisici le osserveranno, per capire se durante l'urto saranno davvero riusciti a liberare i quark e i gluoni, anche solo per brevissimi istanti!

PRINCIPESSA: Sì, ma come faranno?

ARLECCHINO: Beh, utilizzeranno un complesso sistema di strumenti chiamati rivelatori, il cui scopo è quello di ricostruire le tracce lasciate dalle particelle prodotte nella collisione e le loro energie.

PRINCIPESSA: Tutto ciò mi sembra molto affascinante, Arlecchino... mi hai fatto entrare in un mondo da sogno... proprio come quello in cui era finita quella bambina di un famoso romanzo!!!

ARLECCHINO: Il cui nome non a caso è stato dato all'esperimento!

PRINCIPESSA: Ma soprattutto (assumendo un tono di voce sconsolato) per me rimarrà un sogno quello di trovare una T-shirt elegante ed originale da indossare alla festa di domani sera...

ARLECCHINO: Ma no, principessa.... non disperarti! Apri il pacchetto, (iniziando a sorridere) e guarda che cosa ti hanno spedito i gentilissimi scienziati del CERN!

PRINCIPESSA: Fammi vedere (apre il pacchetto)... Oh, una T-shirt! Con una bellissima immagine colorata. Ma che cosa rappresenta?

ARLECCHINO: Un esempio di ciò che si osserverà nei rivelatori di ALICE, dopo una collisione di due nuclei di piombo. Certo, forse non è la T-shirt che tu desideravi avere, tempestata di quark colorati....

PRINCIPESSA: Ma si tratta comunque di un bellissimo regalo! Una splendida T-shirt che mostrerò con orgoglio a tutti i miei amici domani sera! Ovviamente poi dovrò ringraziare i gentilissimi scienziati del CERN per questo splendido regalo...

ARLECCHINO: Beh, credo di sì... (con l'aria un po' imbarazzata e delusa)

PRINCIPESSA: Che hai, Arlecchino? Sto dimenticando di fare qualcosa d'importante?

ARLECCHINO: No... non mi sembra... (sempre più rabbuiato)

PRINCIPESSA: Ma suvvia... non fare quella faccia! Naturalmente sei tu la prima persona che devo ringraziare! Come avrei fatto senza il tuo aiuto? A quest'ora starei ancora cercando quark colorati in giro per le gioiellerie della città!

ARLECCHINO: Principessa, mi fai arrossire...

PRINCIPESSA: Non fare il timido, Arlecchino, non è il momento! Ti aspetto domani sera alla mia festa... ho un sacco di amiche da presentarti! Vedrai che penderanno dalle tue labbra quando ti sentiranno parlare di quark e di gluoni!

ARLECCHINO: Grazie, principessa! (*e rivolgendosi al pubblico*) Hurrah!!! Anche questa volta i colori, quelli dei quark, mi hanno portato fortuna! (*tornando poi a rivolgersi alla principessa*). Allora a domani, principessa!!! (*e corre via*).

Ecco ancora un testo di Meccanica Quantistica, anzi di Cromodinamica Quantistica. L'autore, uno specialista dell'argomento, affronta il tema che ha scelto con grande serietà professionale, volendo rendere chiari a tutti alcuni concetti abbastanza complicati.

Ma perché il testo diventi più lieve ed appaia piacevole anche per il grande pubblico fa uso di due artifici: la Maschera Arlecchino, da sempre simbolo variegato di un'umanità semplice e ardita, e la Principessa, elemento che rende il racconto fiabesco, con tutti gli elementi alla maniera di Propp, dalla prova (trovare i quark colorati) all'adiuvante (fruttivendola) all'opponente (difficoltà dell'impresa) al premio (affetto della Principessa)

Il linguaggio è singolare: porta nel mondo della fiaba un'eco dei giorni nostri, e non solo scientifico ma anche di costume.

Come risultato, l'argomento difficile ci viene proposto in una veste godibilissima.

Gabriele Leopizzi
Terra - Sole

ATTO UNICO

SCENA 1

(*La terra, spalle al sole, procede verso il buio*)

TERRA: Ogni volta è dura chiudere una storia
Chiudere un ciclo con quella parola.
S'affolla di presenze la memoria
ma contro i tuoi fantasmi a combattere sei sola.
Nessuno ad accoglierti la sera
nessuno a salutarti la mattina,
la felicità è solo una chimera
che ad occultarsi a me si ostina.

SOLE: Da chi arrivano queste parole
da chi questo grigiore
Voltati e vedrai me, il Sole
che dona a ciascuno luce e colore!
Patito ha, chi così parla
o voluto, chissà, patire
A non seguir ed ascoltar, la
gioia e poi fuggire

TERRA: Tu Sole? Colore?
Questa l'ho già sentita
In passato in dolore
s'è trasformata la mia vita
Non mi volto per ora
perché non ti conosco
Sono spaventata ancora
e preferisco te nascosto
Perché se distanti siamo
meno mi attrarrai
E se silenziosi siamo
supererò i miei guai.

SOLE: La tua pena non mi oscura
io brillo da par mio
Ma essendo gioia pura
non voglio tu cada nell'oblio
Ma raccolga celermente
il mio aiuto e la mia luce
E percorra sorridente
l'orbita che a me conduce

TERRA: Non ho coraggio
non esser impaziente nell'attesa.
Venirti incontro non è saggio
con corazza e armi di difesa.
all'afelio me le strapperò di dosso
insieme a paura e rancore
quando il dolore sarà rimosso
e l'attrazione sarà minore.

SOLE: Keplero è la tua guida?
a lui affidi i tuoi moti?
Non obbedisca solo a leggi la tua vita

o i tuoi passi saranno a tutti noti!
Una vita scandita da stagioni
sempre uguali a se stesse
È una vita di prigioni
e priva d'interesse!

TERRA: Questa m'è stata data agl'inizi
ed io la benedico
Alternar equinozi a solstizi
insieme ad un amico
Fedele che mostra la sua faccia
sempre e solo una
Che appare se la notte s'affaccia
un satellite, la Luna.

SOLE: La sua luce è un mio dono
che fino a te vola
chè quando non ci sono
tu non resti sola

TERRA: Calda voce, ma chi sei
che per me si premura.
Che si occupa dei buj miei
e di me si prende cura?

SOLE: sei all'afelio, punto più lontano
occhi hai ora per guardarmi
Voltati, ti tendo la mano
corrimi incontro e getta via le armi

TERRA: Tu attrai per tua natura
non ne sono io il perchè
Sei bello ma ho paura
e il passato brucia in me

SOLE: Attraggo, questo è vero
ma anche tu, non te ne accorgi,
Tu che vivi per davvero
e creature da te forgi,
sappi che anche TU attrai,
in equilibrio tutti tieni
tu sei bella più che mai
ed incontro a me ora vieni

TERRA: Alla voce or s'unisce la bellezza
Imparerò il tuo nome. Sole

Rigetto paura e la bruttezza
e il ricordo più non duole.
Leggero il mio cammino
alla luce sì radiosa
Al calore cristallino
vengo incontro a te, sposa

SOLE: Più leggero il tuo cammino?
ed è bella la mia voce?
Più veloce e più vicino
più vicino e più veloce
Alla natura si deve
questa nostra situazione
La distanza si fa breve
ed aumenta l'attrazione

TERRA: Sappi questo, Oggettivante
è una legge a regolarci
ma bramo d'esser meno distante
perché ho voglia d'incontrarci
stessa voglia in te non brucia?
perché muovo solo io?
Inizio a perdere fiducia,
il desiderio è solo mio?

SOLE: La mia massa è sì più grande
perciò pare ch'io sia fermo
Non ti fare più domande
non son io che mi governo

TERRA: Vuoi dir che Fisica comanda
questo mio venirti incontro?
Su rispondi alla domanda
non possiamo andarle contro?
Cioè che tu a me venga
e mi mostri il tuo interesse
Che il mio amore non si spenga
che a me tu muova tuoi passi!

SOLE: Non si può! Su! corri ancora!
sii a me meno distante
Il tuo blu, sai, m'innamora
contro Fisica ma non Dante
che parlò d'Amor

nella frase fra le più belle
che sia lui il motor
che move il Sole e l'altre stelle
TERRA: Poesia pronunci allora?
e resisterti non posso
Vengo a te più veloce ancora.
Il mio blu ed il tuo rosso
Due colori fondamentali
che nella tua luce tu contieni
Forti e vivi senza uguali
vengo a te senza più freni
SOLE: Tue parole mi danno gioia
ecco a te tendo la mano
La speranza in te non muoia
di non starmi più lontano
TERRA: Ti vedo ormai vicino
sono giunta fino a te
Dammi pace nel destino
stiamo accanto affinchè
Non sia vana quest'azione
e tu sia per sempre mio
Non soltanto una stagione
e poi cadere nell'oblio
SOLE: Non pensare già alla fine
entra or nella mia stanza
Impercettibile è il confine
e annullata la distanza
Questo attimo, il motivo
della tua felice corsa
Che mi ha mantenuto vivo
che mi ha dato quella forza
TERRA: La tua forza! Egocentrica son stata,
a pensar che non m'amavi
Che non fossi io cercata
e tu invece mi chiamavi
Uno attrae e l'altro attratto
questa è l'unica realtà
È l'amore ch'è distratto
e altre cose veder fa!

Ma cos'è che ora accade
perché io considerata
Ho percorso tanta strada
e or mi sento spaventata
Non conduco io più il gioco
anche tu già mi volevi
È bellissimo il tuo fuoco
ma son io! tu non devi.

SOLE: Che cos'è che dici adesso
a me sembra tu vaneggi!
Se ti amo non t'interesso?
rotto il giocattolo tu fuggi?
Or che toccarci potevamo
or che Felicità che tu insegui
Ci scioglieva in un 'ti amo'
sul più bello ti dilegui?

TERRA: L'attrazione qui è più forte
non capisci spaventata
Sono adesso dalla morte
d'essere da te baciata?
Vai un po' di fantasia
che accadrebbe tutt'a un tratto
Mi fermassi, gioia mia?
Esplosivo un nostro impatto!
Tanta strada ed attrazione
tanta brama già provata
Ci sarebbe un'esplosione
io da te fagocitata!

SOLE: Che farai pianeta vivo,
te ne torni donde vieni
Evitando l'esplosivo
Amore di bei giorni pieni?
Te ne vai da me distante
Con le spalle a me voltate
Per cercare fra le tante
la stagione dell'estate?

TERRA: Non capisci la mia pena d'obbedire alla natura
E rivolgerti la schiena
e di te aver paura?

Arriverà come tempesta
a me un altro nuovo amore
Lascerò ragione e testa
per ascoltare il cuore.

Un testo sorprendente, che dalla poesia trae spunto per un dialogo d'amor cortese fra la Terra e il Sole. Ma non è tutto: solidi fatti scientifici sono celati sotto la poesia, fra le righe e le rime.

Amore e morte, come sempre, ma anche Scienza, intesa come Conoscenza...

Ricordate "fatti non foste a viver come bruti..."

Ringraziamenti

Ringrazio tutti i cari amici, i professionisti del teatro e della scienza, i cui preziosi consigli mi hanno permesso di realizzare questo volume.

Cito in particolare Patrizia Zanetti, (coordinatrice alla Biblioteca Civica Centrale di Torino) e i bravi allievi della mia scuola di scrittura Teatro-Scienza: vi sono i loro lavori alla fine del volume, e li ringrazio per aver seguito con fiducia un'idea che all'inizio sembrava un po' folle e che ora invece trova sostenitori.

Riconosco che quanto ho scritto sull'utilità del pensiero laterale per il binomio "teatro e scienza" è interamente dovuto ai suggerimenti di Fulvio Cavallucci, che ha anche letto con grande pazienza la penultima stesura del volume.

Un particolare segno di gratitudine va a Franco Pastrone, presidente dell'Associazione Subalpina Mathesis, per la preziosa collaborazione con cui da anni sostiene le mie iniziative.

Ringraziamenti

Ringrazio tutti i cari amici, i professionisti del teatro e della scienza, i cui preziosi consigli mi hanno permesso di realizzare questo volume.

Cito in particolare Patrizia Zanetti, (coordinatrice alla Biblioteca Civica Centrale di Torino) e i bravi allievi della mia scuola di scrittura Teatro-Scienza: vi sono i loro lavori alla fine del volume, e li ringrazio per aver seguito con fiducia un'idea che all'inizio sembrava un po' folle e che ora invece trova sostenitori.

Riconosco che quanto ho scritto sull'utilità del pensiero laterale per il binomio "teatro e scienza" è interamente dovuto ai suggerimenti di Fulvio Cavallucci, che ha anche letto con grande pazienza la penultima stesura del volume.

Un particolare segno di gratitudine va a Franco Pastrone, presidente dell'Associazione Subalpina Mathesis, per la preziosa collaborazione con cui da anni sostiene le mie iniziative.

Bibliografia
e letture consigliate

Alphonse Allais, *Dramma ben parigino*, Editori Riuniti, Roma, 1987

Dante Alighieri, *Inferno*, Rizzoli, Milano, 1949

Isabel Allende, *La casa degli spiriti*, Feltrinelli, Milano, 1983

Isaac Asimov, *Trilogia galattica* (Cronache dalla Galassia, Il crollo della Galassia Centrale, L'altra faccia della spirale), Mondadori, Milano, 1964

Alessandro Baricco, *Novecento*, Feltrinelli, Milano, 1994

John Barrow, *L'infinito*, Mondadori, Milano, 2005

Samuel Beckett, *Aspettando Godot*, Einaudi, Torino, 1956

Bertold Brecht, *Vita di Galileo*, Einaudi, Torino, 1963

Pedro Calderon de la Barca, *La vita è sogno*, Adelphi, Milano, 1967

Italo Calvino, *Se una notte d'inverno un viaggiatore*, Einaudi, Torino, 1979

Italo Calvino, *Il cavaliere inesistente*, Garzanti, Milano, 1985

Albert Camus, *Caligola*, Bompiani, Milano, 1986

Rudolf Carnap, *Fondamenti filosofici della fisica*, Il Saggiatore, Milano, 1971

Lewis Carrol, *Alice nel paese delle meraviglie; Dietro lo specchio*, Garzanti, Milano, 1975

Alejandro Casona, *La dama dell'alba*, Einaudi, Torino, 1964

Paulo Coelho, *L'Alchimista*, Bompiani, Milano, 1995

Paulo Coelho, *Veronika decide di morire*, Bompiani, Milano, 1999

Niccolò Copernico, *De revolutionibus orbium caelestium*, 1543, trad. italiana Einaudi, Torino, 1975

Nancy Cortwright, *How the Laws of Physics lie*, Oxford University Press, 1983

Edward de Bono, *Lateral thinking for management*, Penguin Books, Great Britain, 1982

Denis Diderot, *Jacques il fatalista e il suo padrone*, Garzanti, Milano, 1974

• E. L. Doctorow, *La città di Dio*, Mondadori, Milano, 2000

Apostolos Doxiadis, *Zio Petros e la congettura di Goldbach*, Bompiani, Milano, 2000

Fiodor Michajlovic Dostoevskij, *Il sosia*, Feltrinelli, Milano, 2003

Friedrich Durrenmatt, *Lo scrittore nel tempo*, Einaudi, Torino, 1982

Friedrich Durrenmatt, *La visita della vecchia signora*, Einaudi, Torino, 1989

Friedrich Durrenmatt, *I fisici*, Einaudi, Torino, 1972

Euclide, *Gli Elementi*, UTET, Torino, 1996

Umberto Eco, *Opera aperta*, Bompiani, Milano, 1962

Umberto Eco, *Pitagora*, in "Racconti matematici" a cura di Claudio Bartocci, Einaudi, Torino, 2006

Thomas Stearns Eliot, *Quattro quartetti*, Garzanti, Milano, 1959

Paul Eluard, *Poesie*, Einaudi, Torino, 1955

Erodoto, *Storie*, Mondadori, Milano, 1956

Paul K. Feyerabend, *Contro il metodo*, Feltrinelli, Milano, 1979

Paul K. Feyerabend, *Scienza come arte*, Laterza, Milano, 1984

David Finkelstein, *Post-modern physics*, conferenza, Padova, 1983

Michael Foucault, *Le parole e le cose*, Rizzoli, Milano, 1967

Michael Frayn, *Copenaghen*, Sironi, Milano, 2003

Jostein Gaarder, *L'enigma del solitario*, Longanesi, Milano, 1996

Galileo Galilei, *Dialogo dei Massimi Sistemi*, Einaudi, Torino, 1970

Giulio Giorello, *Lo spettro e il libertino*, Mondatori, Milano, 1985

Kurt Gödel, *Introduzione ai problemi dell'assiomatica*, a cura di Evandro Agazzi, Vita e Pensiero, Milano, 1962

Wolfgang Goethe, *Faust*, Einaudi, Torino, 1965

Nelson Goodman, *I linguaggi dell'arte*, Il Saggiatore, Milano, 1976

Denis Guedj, *Il teorema del pappagallo*, Longanesi, Milano, 2000

Denis Guedj, *Il meridiano*, Longanesi, Milano, 2001

Mark Haddon, *Lo strano caso del cane ucciso a mezzanotte*, Einaudi, Torino, 2003

Christopher Hampton, *Le relazioni pericolose*, Einaudi, Torino, 1989

Norwood Russell Hanson, *I modelli della scoperta scientifica*, Feltrinelli, Milano, 1978

Werner Heisenberg, *I principi fisici della teoria dei quanti*, Einaudi, Torino, 1948

Hermann Hesse, *Il gioco delle perle di vetro*, Mondadori, Milano, 1955

Hermann Hesse, *Favola d'amore*, Stampa alternativa, Terni, 1981

Norwood Russell Hanson, *I modelli della scoperta scientifica*, Feltrinelli, Milano, 1978

Henrik Ibsen, *L'anitra selvatica*, Garzanti, Milano, 1976

Eugène Ionesco, *Viaggi tra i morti*, Einaudi, Torino, 1983

Eugène Ionesco, *Il Re muore*, Einaudi, Torino, 1963

Eugène Ionesco, *La cantatrice calva*, Einaudi, Torino, 1958

Eugène Ionesco, *La lezione*, Einaudi, Torino, 1961

James Joyce, *Ulisse*, Mondadori, Milano, 1960

James Joyce, *Finnegan's wake*, Mondadori, Milano, 1974

Immanuel Kant, *Critica della ragion pura*, Laterza, Bari, 1975

John Keats, *Ode on a Grecian Urn*, in: The heritage of English literature, Cremonese, Roma, 1958

Omar al Khayyam, *Quartine*, (Ruba'iyyat), Rizzoli, Milano, 2000

Thomas Kuhn, *La struttura delle rivoluzioni scientifiche*, Einaudi, Torino, 1969

Imre Lakatos, *Dimostrazioni e confutazioni*, Feltrinelli, Milano, 1979

Leopardi, *Canti*, Loescher, Torino, 1971

Nikolaj Lobacevskij, *Nuovi principi della geometria*, Boringhieri, Torino, 1955

Maurizio Maggiani, *La regina disadorna*, Feltrinelli, Milano, 1998

Luigi Malerba, *Le pietre volanti*, Rizzoli, Milano, 1992

Valerio Massimo Manfredi, *Chimaira*, Mondadori, Milano, 2001

Thomas Mann, *Altezza reale*, Newton Compton, Roma, 1993

Pierre de Marivaux, *Gli attori in buona fede*, Einaudi, Torino, 1989

Pierre de Marivaux, *La disputa*, Einaudi, Torino, 1989

Edgar Lee Masters, *Il nuovo Spoon River*, Newton Compton, Roma, 1979

Mark Medoff, *Figli di un dio Minore*, Serra e Riva Editori, Milano, 1987

Maria Rosa Menzio, *Spazio, tempo, numeri e stelle*, Bollati Boringhieri, Torino, 2005

Gian Renzo Morteo, *Ipotesi sulla nozione di teatro*, Teatro Stabile Torino, Centro Studi, 1994

Otto Neurath, *Enunciati protocollari su "Erkenntnis"*, 1932

Novalis, *Inni alla notte*, Mondadori, Milano, 1982

Pier Giorgio Odifreddi, *Il matematico impertinente*, Longanesi, Milano, 2005

Luigi Pirandello, *La Signora Morli, uno e due*, Mondadori, Milano, 1925

Luigi Pirandello, *Così è, se vi pare*, Mondadori, Milano, 1925

Luigi Pirandello, *Uno, nessuno e centomila*, Mondadori, Milano, 1941

Luigi Pirandello, *Enrico IV*, Mondadori, Milano, 1948

Luigi Pirandello, *Sei personaggi in cerca d'autore*, Mondadori, Milano, 1948

Karl Raimund Popper, *Congetture e confutazioni*, Il Mulino, Bologna, 1972

Karl Raimund Popper, *Logica della scoperta scientifica*, Einaudi, Torino, 1970

Vladimir Propp, *Morfologia della fiaba*, Einaudi, Torno, 1966

Marcel Proust, *Alla ricerca del tempo perduto*, Einaudi, Torino, 1963

Willard van Orman Quine, *Il problema del significato*, Ubaldini, Roma, 1966

Hans Reichenbach, *Filosofia dello spazio e del tempo*, Feltrinelli, Milano, 1977

Lucio Anneo Seneca, *Lettere*, Antenore, Roma, 1971

Gerolamo Saccheri, *Euclide libero da ogni macchia*, Bompiani, Milano, 2001

Antoine de Saint-Exupéry, *Il piccolo principe*, Bompiani, Milano, 1949

William Shakespeare, *Macbeth*, Sansoni, Firenze, 1964

Martin Cruz Smith, *Gorkij Park*, Mondadori, Milano, 1982

Charles Snow, *Le due culture*, Feltrinelli, Milano, 1964

Sofocle, *Edipo re*, Rizzoli, Milano, 1982

Laurence Sterne, *Viaggio sentimentale*, Garzanti, Milano, 1983

Robert Louis Stevenson, *The strange case of Dr. Jekyll and Mister Hyde*, Longmans, London, 1932

Robert Louis Stevenson, *Il Master di Ballantrae*, Garzanti, Milano, 1974

Tom Stoppard, *Arcadia*, Einaudi, Torino, 2003

August Strindberg, *Antibarbarus*, Förlag Bröderna Lagerström, Stockholm, 1906

Patrick Suppes, *La logica del probabile*, CLUEB, Bologna, 1984

Antonio Tabucchi, *Volatili del Beato Angelico*, Sellerio, Palermo, 1987

Stephen Toulmin, *Previsione e conoscenza*, Armando, Roma, 1982

Sebastiano Vassalli, *Abitare il vento*, Einaudi, Torino, 1980

Luca Viganò, *Galois*, Il Melangolo, Genova, 2005

Alfred North Whitehead, *Il processo e la realtà*, Bompiani, Milano, 1965

Benjamin Whorf, *Time, space and language*, in Laura Thompson, "Culture in Crisis", Harper, New York, 1950

Thornton Wilder, *La piccola città*, Mondadori, Milano, 1964

Virginia Woolf, *La signora Dalloway*, Newton Compton, Roma, 1992

Marguerite Yourcenar, *Chi non ha il suo Minotauro?*, Bompiani, Milano, 1988

Filmografia essenziale

Hero, (2002) Regia di Zhang Yimou, Sceneggiatura di Zhang Yimou, Li Feng, Wang Bin

A beautiful mind, (2001) Regia di Ron Howard, Sceneggiatura di Akiva Goldsman (Dal Libro di Sylvia Nasar)

Proof, (2005) Regia di John Madden, Sceneggiatura di David Auburn, tratto dall'opera teatrale dello stesso autore

i blu

Passione per Trilli
Alcune idee dalla matematica
R. Lucchetti
2007, XIV, pp. 154
ISBN: 978-88-470-0628-7

Tigri e Teoremi
Scrivere teatro e scienza
M.R. Menzio
2007, XII, pp. 256
ISBN 978-88-470-0641-6

Di prossima pubblicazione

Vite matematiche
Protagonisti del 900 da Hilbert a Wiles
C. Bartocci, R. Betti, A. Guerreggio, R. Lucchetti (a cura di)

Il mondo bizzarro dei quanti
S. Arroyo

Buchi neri nel mio bagno di schiuma
ovvero l'enigma di Einstein
C.V. Vishveshwara

Printed in the United States
by Baker & Taylor Publisher Services